U0176664

· 中国珍稀濒危海洋生物 ·

总主编 张士璀

# 中国 珍稀濒危 海洋生物

ZHONGGUO
ZHENXI BINWEI
HAIYANG SHENGWU

# 哺乳动物卷

BURU DONGWU JUAN

魏建功 主编

中国海洋大学出版社
·青岛·

图书在版编目（ＣＩＰ）数据

中国珍稀濒危海洋生物.哺乳动物卷/张士璀总主编;魏建功主编. — 青岛：中国海洋大学出版社，2023.12

ISBN 978-7-5670-3731-1

Ⅰ.①中… Ⅱ.①张…②魏… Ⅲ.①濒危种—海洋生物—介绍—中国②海洋生物—水生动物—哺乳动物纲—介绍—中国 Ⅳ.①Q178.53②Q959.8

中国国家版本馆CIP数据核字(2023)第243348号

| | | | | |
|---|---|---|---|---|
| 出 版 人 | 刘文菁 | | | |
| 出版发行 | 中国海洋大学出版社 | | | |
| 社　　址 | 青岛市香港东路23号 | 邮箱编码 | 266071 |
| 网　　址 | http://pub.ouc.edu.cn | 订购电话 | 0532-82032573 （传真） |
| 项目统筹 | 董　超 | 电　　话 | 0532-85902342 |
| 责任编辑 | 赵孟欣 | 电子邮箱 | 2627654282@qq.com |
| 文稿编撰 | 杨若槿 | 图片统筹 | 赵孟欣 |
| 照　　排 | 青岛光合时代文化传媒有限公司 | | |
| 印　　制 | 青岛名扬数码印刷有限责任公司 | 成品尺寸 | 185 mm × 225 mm |
| 版　　次 | 2023年12月第1版 | 印　　张 | 10.25 |
| 印　　次 | 2023年12月第1次印刷 | 印　　数 | 1 ~ 5000 |
| 字　　数 | 131千 | 定　　价 | 39.80元 |

如发现印装质量问题，请致电13792806519，由印刷厂负责调换。

# 中国珍稀濒危海洋生物

总主编 张士璀

## 编委会

主 任 宋微波 中国科学院院士

副主任 刘文菁 中国海洋大学出版社社长
张士璀 中国海洋大学教授

委 员 （以姓氏笔画为序）
刘志鸿 纪丽真 李 军 李 荔 李学伦
李建筑 徐永成 董 超 魏建功

## 执行策划

纪丽真 董 超 姜佳君 邹伟真 丁玉霞 赵孟欣

# 倾听海洋之声

潮起潮落，浪奔浪流，海洋——这片占地球逾 2/3 表面积的浩瀚水体，跨越时空、穿越古今，孕育和见证了生命的兴起与演化、展示着生命的多姿与变幻的无垠。

千百年来，随着文明的发展，人类也一直在努力探索着辽阔无垠的海洋，也因此而认识了那些珍稀濒危的海洋生物，那些面临着包括气候巨变、环境污染、生境恶化、食物短缺等前所未有的生存压力、处于濒临灭绝境地的物种。在中国分布的这些生物被记述在我国发布的《国家重点保护野生动物名录》和《国家重点保护野生植物名录》之中。

丛书"中国珍稀濒危海洋生物"旨在记录上述名录中的国家级保护生物，为读者展现这些生物的"今生今世"。丛书包括《刺胞动物卷》《鱼类与爬行动物卷》《鸟类卷》《哺乳动物卷》《植物与其他动物卷》等五卷，通过描述这些珍稀濒危海洋生物的形态、习性、繁衍、分布、生存压力等并配以精美的图片，展示它们令人担忧的濒危状态以及人类对其生存造成的冲击与影响。

在图文间，读者同时可以感受到它们绚丽多彩的生命故事：

在《刺胞动物卷》，我们有幸见识长着蓝色骨骼、有海洋"蓝宝石"之誉的苍珊瑚；了解具有年轮般截面的角珊瑚以及它们与虫黄藻共生的亲密关系……

在《鱼类与爬行动物卷》，我们有机会探知我国特有的"水中活化石"中华鲟；认识终生只为一次繁衍的七鳃鳗；赞叹能模拟海藻形态的拟态高手海马，以及色彩艳丽、长着丰唇和隆额的波纹唇鱼……

在《鸟类卷》，我们得以惊艳行踪神秘、60年才一现的"神话之鸟"，中华凤头燕鸥；欣赏双双踏水而行、盛装表演"双人芭蕾"的角䴙䴘……

在《哺乳动物卷》，我们可以领略海兽的风采：那些头顶海草浮出海面呼吸、犹如海面出浴的"美人鱼"儒艮；有着沉吟颤音歌喉的"大胡子歌唱家"髯海豹……

在《植物与其他动物卷》，我们能细察有"鳄鱼虫"之称、在生物演化史中地位特殊的文昌鱼；惊叹那些状如锅盔、有"海底鸳鸯"之誉的中国鲎；观赏体形硕大却屈尊与微小的虫黄藻共生的大砗磲。

"唯有了解，我们才会关心；唯有关心，我们才会行动；唯有行动，生命才会有希望"。

丛书"中国珍稀濒危海洋生物"讲述和描绘了人类为了拯救珍稀濒危生物所做出的努力、探索与成就，同时将带领读者走进珍稀濒危海洋生物的世界，了解这些海中的精灵，感叹生物进化的美妙，牵挂它们的命运，关注它们的未来。

更希望这套科普丛书能充当海洋生物与人类之间的传声筒和对话的桥梁，让读者在阅读中形成更多的共识和共谋：揽匹夫之责、捐绵薄之力，为后人、为未来，共同创造一个更美好的明天。

宋微波　中国科学院院士

2023 年 12 月

# 濒危等级和保护等级的划分

## 濒危等级

评价物种灭绝风险、划分物种濒危等级对于保护珍稀濒危生物有着非常重要的作用。根据世界自然保护联盟（IUCN）最新的濒危物种红色名录，包括以下九个等级。

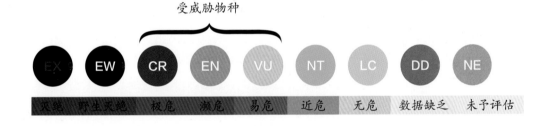

### 灭绝（EX）

如果具有确凿证据证明一个生物分类单元的最后一个个体已经死亡，即认为该分类单元已经灭绝。

### 野生灭绝（EW）

如果已知一个生物分类单元只生活在栽培、圈养条件下或者只作为自然化种群（或种群）生活在远离其过去的栖息地的地方，即认为该分类单元属于野外灭绝。

### 极危（CR）

当一个生物分类单元的野生种群面临即将灭绝的概率非常高，该分类单元即列为极危。

## 濒危（EN）

当一个生物分类单元未达到极危标准，但是其野生种群在不久的将来面临灭绝的概率很高，该分类单元即列为濒危。

## 易危（VU）

当一个生物分类单元未达到极危或濒危标准，但在一段时间后，其野生种群面临灭绝的概率较高，该分类单元即列为易危。

## 近危（NT）

当一个生物分类单元未达到极危、濒危或易危标准，但在一段时间后，接近符合或可能符合受威胁等级，该分类单元即列为近危。

## 无危（LC）

当一个生物分类单元被评估未达到极危、濒危、易危或者接近受危标准，该分类单元即列为需给予关注的种类，即无危种类。

## 数据缺乏（DD）

当没有足够的资料直接或间接地确定一个生物分类单元的分布、种群状况来评估其所面临的灭绝危险的程度时，即认为该分类单元属于数据缺乏。

## 未予评估（NE）

如果一个生物分类单元未经应用本标准进行评估，则可将该分类单元列为未予评估。

## 保护等级

我国国家重点保护野生动植物保护等级的划分，主要根据物种的科学价值、濒危程度、稀有程度、珍贵程度以及是否为我国所特有等多项因素。

国家重点保护野生动物分为一级保护野生动物和二级保护野生动物。

国家重点保护野生植物分为一级保护野生植物和二级保护野生植物。

# 前言

　　在我国各大海域中，有一类海洋生物是我们十分熟悉的，那就是海洋哺乳动物。南海，生活着"美人鱼"儒艮；渤海，栖息着身绕白环的环海豹；东海，"海洋旅行者"糙齿海豚从浅海游向深蓝；黄海，温顺的小须鲸浮上水面喷出水柱……

　　海洋哺乳动物也被称作"海兽"，包括食肉目、海牛目、鲸目。即使你未曾在海上看到过它们，也应该在水族馆中见过，在故事里听过。但你可能不知道，由于人类捕杀、栖息地环境破坏、气候变化，一部分海洋哺乳动物生存面临威胁。本书收录了我国海洋哺乳动物中的国家一级、二级重点保护野生动物，带你了解这些物种的分类、濒危及保护等级、形态特征、食物、繁殖等特性，通过"海之眼"博览珍稀海兽趣闻。

　　了解是为了更好地保护。我们为海洋哺乳动物建立保护区，制定保护法，对人类的朋友伸出爱护之手。经过人们努力，这些人类的朋友将会更加自由地在地球上繁衍生息。

# 目录

# 哺乳动物

　　本书收录了 42 种中国珍稀濒危海洋哺乳动物，它们分属于食肉目、海牛目和鲸目。

　　本书收录的食肉目动物分属于海狮科和海豹科。其中，海狮科收录了北海狗和北海狮；海豹科包括西太平洋斑海豹、髯海豹和环海豹。食肉目海洋动物的体形一般为纺锤形，四肢均为鳍状，以适应在水中的生活。其食物主要为鱼类和头足类。一年中的大部分时间生活在海中，只有繁殖期和换毛期会短暂地来到陆地或者浮冰上。对食肉目海洋动物生存威胁最大的是人类。海狮科与海豹科动物大多皮毛柔软漂亮，因此遭到了人类的大量捕杀，数量不断减少。此外，全球气候变化、环境污染以及栖息地的大幅缩减，也威胁到食肉目海洋动物的生存。

　　海牛目下，本书仅收录了 1 属 1 种——儒艮。儒艮体形与鲸类似，前肢为鳍肢，后肢退化，无脊鳍，有大而扁平的尾鳍。体长 2～4 米，

皮下储存了大量的脂肪以维持自身的体温，体重约 500 千克，每胎产 1 仔。儒艮分布较为广泛，主要栖息在热带及亚热带沿海。儒艮对生存环境要求较高，由于人类社会的发展和环境的污染，儒艮的栖息地遭到了严重的破坏，数量急剧减少。加之儒艮全身是宝，遭到了大量的捕杀，生存现状不容乐观。

　　鲸目的下级分类较多。本书收录露脊鲸科、灰鲸科、海豚科、鼠海豚科、抹香鲸科和喙鲸科，共 36 种。鲸也是人们较为熟知的海洋动物。鲸的前肢呈鳍状，后肢退化甚至消失，有尾鳍，便于游泳，从

外观看体形似鱼，因而也被称作"鲸鱼"。实际上鲸并不是鱼，而是用肺呼吸的哺乳动物。其体长小的1米左右，大的30米左右，一胎大多产1仔。鲸的皮下脂肪很厚，其脂肪和鲸须等具有较高的经济价值，因此曾遭到大规模的商业捕杀。除此之外，全球气候变化以及人类活动造成的污染也威胁到鲸的生存。

# 食肉目

# 北海狗
*Callorhinus ursinus*

## 分类地位

哺乳纲食肉目海狮科

## 形态特征

顾名思义，北海狗最明显的特征就是头像狗。它的鼻子很短，头部短圆。而它的身体两侧有鳍状肢，适应在海中游泳生活。它身披厚毛，刚出生时皮毛黑亮。成兽在海上时，皮毛通常被海水浸湿，呈灰色，而在陆地上繁殖期间，皮毛呈棕黑色。北海狗的雌雄形态差异极大，通常雄性比雌性体形大得多，并且在颈部长有短而密的鬃毛。雌性皮毛颜色比雄性更浅。

## 食物

　　小型鱼类、软体动物及其他海洋无脊椎动物。

## 繁殖

　　每年 5 月，雄性北海狗到达群栖地争夺领地，6—7 月，雌性北海狗回到出生时的岸边进行繁殖。雌性北海狗在 4～6 岁时性成熟，孕期平均为 240 天，幼崽出生 3 个月后断奶独立。

## 分布

　　它在我国的黄海、东海和南海偶有发现。它在世界范围内主要分布于北冰洋、北太平洋。

二级

国家重点保护野生动物等级

VU

IUCN 濒危等级

## 生存现状

北海狗的天敌有大白鲨、北极熊、虎鲸等，部分海狮也会捕食北海狗的幼崽。但是对北海狗的生存威胁最大的是人类。由于人类毛皮贸易的需求，北海狗遭到了长期的商业狩猎。除此之外，渔网缠绕、石油泄漏以及栖息地的大幅缩减也导致了北海狗种群数量的下降。

## 保护

北海狗为我国国家二级保护野生动物。1988年，《美国海洋哺乳动物保护法》将北太平洋东部的北海狗列为濒危物种。

### 自备"棉服"的北海狗

在大雪纷飞、冰霜覆盖的季节里，人类通常会穿上厚实的棉服来抵御寒冷。而生活在冰天雪地中的北海狗，却拥有独特的御寒手段，那便是它们身上的皮毛与皮下厚厚的脂肪。北海狗的皮毛分为2层，里层贴身覆盖着浓密而柔软的绒毛，表层则是长长的针毛，防风御寒。它的皮下有厚达15厘米的脂肪，如同贴身的毯子，牢牢地锁住北海狗体内的热量，从而抵御极寒天气。正是因为它厚实的皮毛与体内丰富的油脂，偷猎盗猎行为屡禁不止。

# 北海狮

*Eumetopias jubatus*

### 分类地位

哺乳纲食肉目海狮科

### 形态特征

北海狮体形较大，中间粗壮，头尾细长，呈纺锤形。头顶略凹，吻部钝圆。它的眼睛很大，却几乎看不到眼白，犹如黑玛瑙般点缀在头部两侧。前后肢的形状都与船桨类似，使它成为游泳和潜水健将。区别于雌性北海狮，雄性北海狮的颈部会长出鬃状长毛，如同雄狮一般，北海狮因此得名。

**二级**

国家重点保护野生动物等级

**NT**

IUCN 濒危等级

## 食物

乌贼、鱼类、甲壳动物。

## 繁殖

北海狮孕期长，但分娩时间短，10 分钟左右即可完成生产。每胎产 1 仔，诞下上一年怀孕的幼崽 1 周后，又进入长达 6 周的繁殖期，为下次"生儿育女"做准备。

## 分布

它在我国的渤海和黄海均有分布。它在世界范围内分布在北太平洋寒温带海域。

## 生存现状

成年北海狮的皮毛较短，未成年北海狮的皮毛呈黑棕色，顺滑如锦缎，因此成为猎人青睐的捕猎对象。

## 保护

2021 年 2 月 5 日，我国将北海狮列为国家重点保护动物，等级为二级。2016 年列入《世界自然保护联盟濒危物种红色名录》，级别为近危。

### 海之眼

#### "海上强盗"

北海狮是体形庞大的水陆两栖食肉动物。也正因其庞大的体形，一头成年北海狮一天要吃掉接近40千克的鱼类和乌贼才能满足能量消耗。因为"好胃口"，它也被称作"海上强盗"。渔民渔网中的大量鱼类，对于北海狮而言可谓是现成的"快餐"。因此，它们时常咬烂渔网，在其中饱餐一顿，随后逃之夭夭。渔民们深受其害却也无可奈何。北海狮真是当之无愧的"海上强盗"！

# 西太平洋斑海豹

*Phoca largha*

### 分类地位

哺乳纲食肉目海豹科

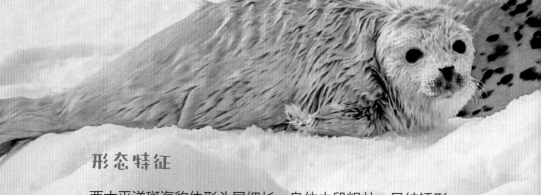

### 形态特征

西太平洋斑海豹体形头尾细长，身体中段粗壮，呈纺锤形。它的身体覆盖有细密的短毛，背部和脸部呈灰黑色，腹部乳黄色。不规则的棕黑色的斑点分布在身上，如同白糯米团子上撒的黑芝麻。它的趾间有皮膜相连，像脚蹼一样。前肢较小，但是后肢较大，如同一把巨大的扇子，靠后肢的摆动在海水中向前游动。这些特征使它成为游泳健将。

## 食物

鱼类、甲壳类、头足类。

## 繁殖

西太平洋斑海豹是唯一能在我国海域进行繁殖的海豹。雌兽孕期 10 ～ 11 个月，每胎产 1 仔。刚出生的小海豹全身长有白色胎毛，如同一个糯米糍，十分可爱。随着成长，胎毛脱换为成年斑海豹的新毛。哺乳期较短，仅为 1 个月左右。

## 分布

在我国它主要分布于渤海和黄海。世界范围内分布在北太平洋温带和寒温带海域。

一级
国家重点保护野生动物等级

LC
IUCN 濒危等级

## 生存现状

西太平洋斑海豹全身是宝，具有较高的经济价值。幼崽的皮毛是十分奢华的裘皮材料。西太平洋斑海豹的皮可以制革，肉可以食用，脂肪能够炼油。除此之外，雄性西太平洋斑海豹的生殖器官还可以入药。过度捕猎使得西太平洋斑海豹数量急剧减少。除了经济价值导致的猎杀之外，自然环境的恶化也严重威胁着西太平洋斑海豹的生存。

## 保护

我国 1989 年就将西太平洋斑海豹列为国家二级重点保护野生动物，2021 年升级为国家一级重点保护野生动物；在大连、山东庙岛群岛等地建立了自然保护区，加强西太平洋斑海豹栖息地保护；出台了《斑海豹保护行动计划（2017—2026）》，从国家层面制定了长达 10 年的西太平洋斑海豹保护工作目标任务，并成立了西太平洋斑海豹保护联盟，吸纳社会各界参与保护工作。

**海之眼**

### "水下健将"

　　西太平洋斑海豹身体圆溜溜、胖乎乎，但是，"豹"不可貌相，西太平洋斑海豹有自己的高超本领。别看体形肥圆的它在陆地上慢吞吞的，很笨拙，实际上在水里游泳的速度可是非常快的，游速可达 27 千米/时，与很多鲸类游速相当。它不仅是游泳健将，还是有名的潜水健将。斑海豹在大海里可以潜到大约 300 米深，每天的潜水次数有三四十次，每次能保持 20 分钟不用浮出水面换气，可见它潜水本领的高超。

# 髯海豹

*Erignathus barbatus*

## 分类地位

哺乳纲食肉目海豹科

## 形态特征

髯海豹，又称胡子海豹，顾名思义，其吻部有又粗又硬的茂密胡须。它的胡须干燥时长须顶端向内卷曲，能够防止折断；遇水又伸直，能更好地感知水的运动。它全身为灰褐色或者棕灰色，背部颜色最深，由背部向腹部颜色逐渐变浅，其中，面部和前肢常为铁锈色，体表没有斑纹。髯海豹吻部较宽且肥。肉嘟嘟的脸、较小的眼睛以及较其他海豹更小的眼距，使它看起来憨态可掬。

## 食物

底栖动物，头足类。

## 繁殖

髯海豹的繁殖高峰在 3 月下旬至 5 月中旬。妊娠期较长，约为 11 个月。雌性髯海豹在浮冰上独自产仔。哺乳期较短，有 18 ~ 24 天。

二级

国家重点保护野生动物等级

IUCN 濒危等级

## 分布

在我国它主要分布在黄海。全球范围内，它原产海域为北极附近，漫游海域则更为广阔，包括俄罗斯、加拿大、冰岛、日本、美国等沿海。

## 生存现状

据估计，全世界髯海豹的数量在 50 万只以上，看似数量较多，但是它的生存前景不容乐观。随着全球气候变暖的加剧，髯海豹赖以生存的海冰大量融化。这对栖息地本就狭小的髯海豹可以说是巨大威胁，并且对于怀孕的雌性髯海豹来说，意味着没有合适的繁殖地，威胁整个髯海豹种群的生存。此外，原油泄漏、污水排放也对它们的生存产生了极大的威胁。

## 海之眼

### 极地的"大胡子歌唱家"

雄性髯海豹非常擅长"歌唱"。每当夏季来临之时，这些"中音男歌手"会用精心创作的歌曲来传递爱意，建立属于自己的领地。既然能被称为"歌唱家"，只会嚎叫可不行。它们能够用颤音等富于变化的声音来组成歌曲。声音不仅抑扬顿挫，穿透力也十分强，歌声能够散播到方圆20千米，并且能够持续3分钟，范围之广令人震惊。

## 保护

髯海豹是国家二级重点保护野生动物，禁止一切非法的野生动物活体与制品交易。

# 环海豹
## *Phoca fasciata*

### 分类地位

哺乳纲食肉目海豹科

### 形态特征

成年环海豹体长 165 ~ 175 厘米，体重 72 ~ 90 千克。黑色的皮肤上分布有 4 条白纹：一条如同白色的围巾；一条好似腰带；身躯两侧各有一条，分别环绕鳍肢，如同两个扶手圈住漆黑的身子。环海豹在幼年时期通体雪白，成年环海豹这种斑纹是换毛后随着年龄的增长逐渐出现的。

## 食物

鱼类、头足类、甲壳类。

## 繁殖

环海豹的妊娠期较长，为 11 个月，在浮冰上分娩，每胎产 1 仔。哺乳期短，仅 4 ～ 6 周。

## 分布

它在我国黄海偶有发现；在全球主要分布于北极地区，以及北太平洋中、西部的高纬度海域。

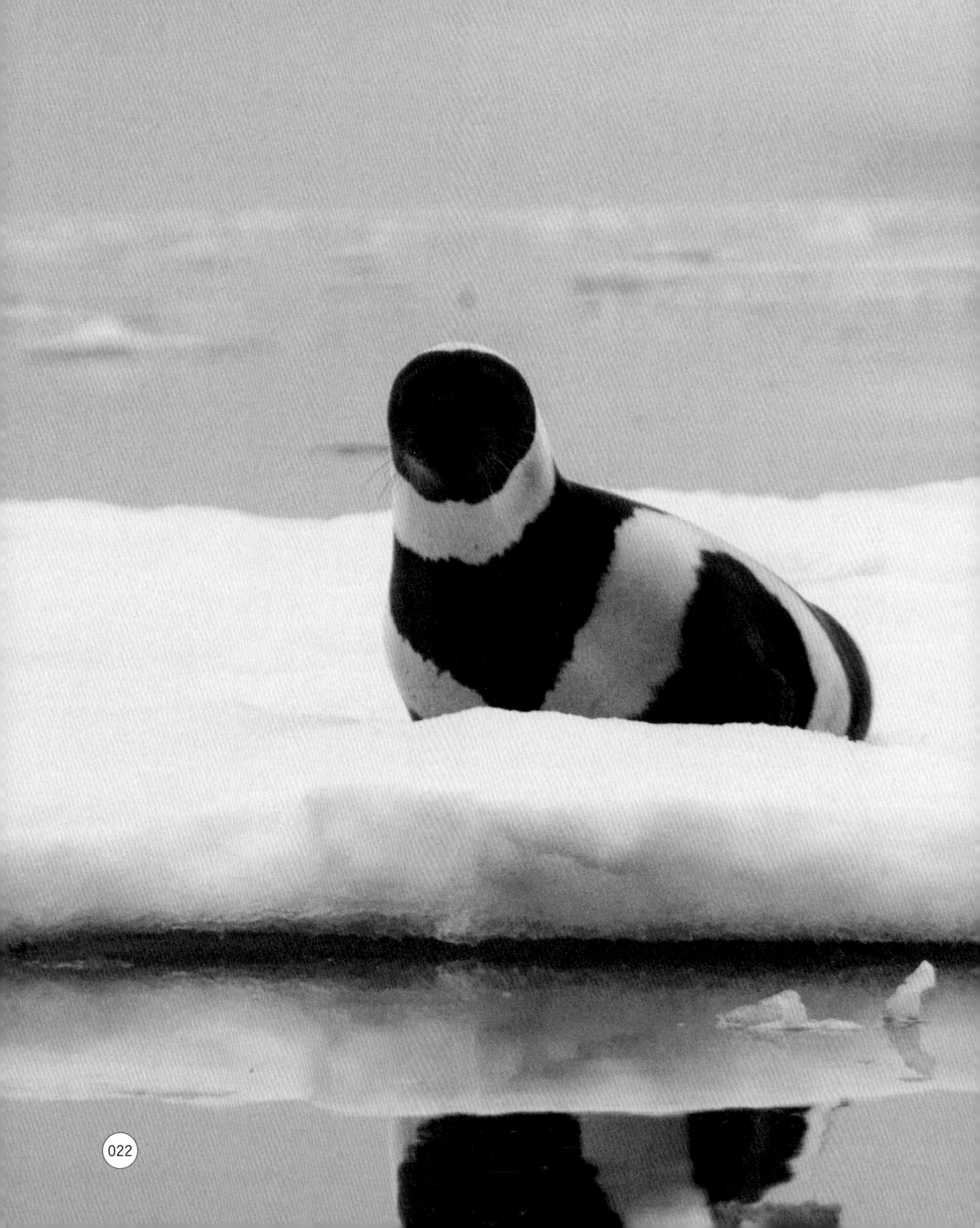

国家重点保护野生动物等级

IUCN 濒危等级

## 生存现状

　　幼年环海豹通体雪白，毛皮柔软保暖。多年来人们为了毛皮、油脂以及肉猎杀环海豹。20 世纪 50 年代开始苏联的捕海豹商船，每年猎杀的环海豹数目为 6500 ~ 23000 只。

## 保护

　　1991 年以后，公海的捕海豹商船全面停止了捕环海豹活动，现在仅剩下零星的一些北太平洋拖船偶尔捕猎环海豹。

## 海之眼

### "教育方式独特的母亲"

与大多数海豹不同，雌性环海豹是"心大的母亲"，会长时间让幼崽独处。一方面，是因为它们生存的环境中的捕食者数量较少；另一方面，环海豹在变薄的冰上饲养幼崽，这就为北极熊等大型捕食者制造了障碍。除此之外，雌性环海豹在外出觅食之前，会将年幼的孩子藏在冰窟之中，冰窟与海水相连，幼崽发现捕食者时可以迅速入海逃生。

虽然看起来颇有些"不负责任"，但实际上，雌性环海豹在哺乳期间不吃不喝，全心全意照顾自己的孩子，来为幼崽提供营养和保护，消耗了巨大的能量。哺乳期过后，雌性环海豹通过教幼崽潜水和觅食来帮助幼崽独立。

海牛目

# 儒艮
**Dugong dugon**

## 分类地位

哺乳纲海牛目儒艮科

## 形态特征

儒艮身体呈中间粗壮、两端较细的纺锤状。成年儒艮体长可达3米，重300～500千克。儒艮皮肤较为光滑，有稀疏的短毛，整体呈灰白色，背部颜色深，腹部颜色浅。头很大，眼睛和耳朵都比较小，颈部短，可以小幅度地转头与点头。前肢较短，呈鳍状，靠前肢划水前行。尾部近似海豚，呈Y形，是游泳推进力的主要来源。

## 食物

水生植物。

## 繁殖

儒艮的妊娠期为 13 ~ 15 个月，每胎产 1 仔。新生的儒艮体长可达 1.5 米，体重达 20 千克。儒艮哺乳期约为 18 个月，幼崽出生不久便可摄食海草，但是长大成熟才会离开妈妈独自生活。儒艮两次繁殖时间间隔为 3 ~ 7 年。

## 分布

儒艮分布范围较广，它主要分布在印度洋和太平洋的热带以及亚热带沿岸岛屿海域。在我国南海有儒艮生活的记录。

## 生存现状

儒艮全身是宝，皮可制革，肉质鲜嫩。骨骼致密，与象牙类似，可做雕刻制品。因为人类的贪婪，儒艮曾遭到大量捕杀。除此之外，随着人类社会的发展，儒艮的栖息地遭到严重的破坏，加之儒艮本身对生存环境要求较高，导致儒艮的数量急剧减少。数量的减少可能导致近亲交配，不利于种群繁衍，儒艮的生存现状不容乐观。

**一级**
国家重点保护野生动物等级

**VU**
IUCN 濒危等级

## 保护

我国将儒艮列为国家一级重点保护野生动物。1992 年，经国务院批准，设立了广西壮族自治区合浦儒艮国家级自然保护区，面积为 350 平方千米。

澳大利亚政府为保护儒艮，已经拆除了几个码头，并明令禁止污染物直接入海。许多城市的渔民已经自觉不再使用带钩的渔网捕鱼，同时政府明令：捉住儒艮，应立即放生。

### "美人鱼"

从孩提时期讲述的安徒生的《海的女儿》，到迪士尼的动画《小美人鱼》，人鱼的传说如同一个美丽的梦笼罩在我们的心头，令人无法忘却。美人鱼的原型，实际上就是儒艮。雌性儒艮的前肢下方有一对乳房，哺乳时用前鳍肢夹着儒艮宝宝，把头跟胸部露出水面。月色溶溶，海雾氤氲，海面上波光粼粼，远远望去很像一位美女抱着婴儿在哺乳，因此，将儒艮看成"美人鱼"的误会就此流传……另外，儒艮偶尔会头顶水草浮出水面呼吸，远远望去就像出浴的美人，也使儒艮有了"美人鱼"的美称。

鲸目

# 北太平洋露脊鲸

*Eubalaena japonica*

## 分类地位

哺乳纲鲸目露脊鲸科

## 形态特征

北太平洋露脊鲸体格健壮，成体长约 17 米。北太平洋露脊鲸的全身皮肤大多呈现黑色，只有腹部与鳍肢的附近长有不规则的白色的斑块，就像漆黑的墙面不经意间泼洒上的白色油漆。它背部宽阔，无背鳍，因而得名露脊鲸。鳍肢短而宽，如同大扇子一般。尾巴宽且切口深，呈 ∨ 形。头部有不规则的块状老茧（胼胝体），这些老茧的位置，也是区分不同个体的特征。

北太平洋露脊鲸

**食物**

桡足类和其他小型无脊椎动物。

**繁殖**

北太平洋露脊鲸每 3 ~ 5 年繁殖一次，
每胎产 1 仔。孕期较长，接近 1 年。幼鲸体
长为 4.5 ~ 6 米，出生后 30 分钟内就能游泳。
哺乳期约为 1 年。

**分布**

我国黄海有分布。世界范围内主要分布
在北太平洋的温带和亚寒带地区。

一级

国家重点保护野生动物等级

IUCN 濒危等级

## 生存现状

据《自然》杂志报道，20 世纪后期北太平洋露脊鲸有近 200 头。因为油脂丰厚，捕猎行为使北太平洋露脊鲸成为地球上濒危的鲸类之一。除了捕猎、气候变化和环境污染的影响之外，北太平洋露脊鲸也是最受杂交威胁的物种。

## 保护

2019 年，加拿大政府宣布新措施以保护北太平洋露脊鲸，包括加强空中侦测来监督圣罗伦斯湾内的北太平洋露脊鲸，以及扩大船只限速适用范围等。

### 海面上的"舞者"

北太平洋露脊鲸通常是成群活动的，为了呼吸，它们时不时跳出水面，通过尾巴和鳍肢拍水来进行活动，是当之无愧的"表面活跃群体"。别看它们体形庞大，在海面上可是优雅的"舞者"。北太平洋露脊鲸可以在水中倒立，像花样游泳运动员一般，把漂亮的黑色尾鳍高高地举到海面以上。它们头上的呼吸孔略呈 V 形，因此会喷出罕见的 V 形水柱，十分壮观。

# 灰鲸

*Eschrichtius robustus*

## 分类地位

哺乳纲鲸目灰鲸科

## 形态特征

成年灰鲸体长在 10 ~ 15 米。与海洋中许多动物类似，灰鲸雌性成体通常比雄性成体更大。灰鲸的体重最高可达 40 吨，是当之无愧的"海底巨兽"。与其他鲸类相比，灰鲸从外观上是十分容易辨认的。它通体深灰，在海水的映照下偶尔呈蓝灰色，故得名灰鲸。团块状的白色斑纹如云朵般分布在灰鲸的体表，好似拍击在海岸岩崖上的浪花，因此也有人称它为"灰色的岩崖游泳者"。

## 食物

小型浮游甲壳类、群游性鱼类。

## 繁殖

每年冬天，灰鲸离开索饵场前往气候温暖、水浅、盐度较高的繁殖场。成年灰鲸 1～3 年生 1 胎，每胎产 1 仔。孕期长，大约为 12 个月。

## 分布

它在我国的南海、东海和黄海有分布，在世界范围内主要分布于北太平洋、北大西洋温带海域。

## 生存现状

　　灰鲸具有很高的经济价值，其鲸须是极为贵重的工艺品原料，加之活动地点主要在沿岸和喜欢集群的习性，因此遭到了大量的围捕，至今数量仍较少。除了围捕之外，海上溢油、频繁的海上交通以及海洋资源的开采等因素也造成了灰鲸数量的锐减。

一级
国家重点保护野生动物等级

LC
IUCN 濒危等级

## 保护

灰鲸现已被列入《濒危野生动植物种国际贸易公约》。

### "长途旅行者"

灰鲸是人们已知每年迁徙距离最长的哺乳动物。它们往返于繁殖场与索饵场之间，夏季北上觅食，冬季南下繁殖。当灰鲸北上经过北方海域的时候，使得海底泥沙翻滚，营养物质增多，为水下生物带来了丰富的食物。当这些鱼、虾生长到夏季肥壮之时，又能让灰鲸大快朵颐。这也令人不禁感慨大自然的奇妙。

# 蓝鲸

*Balaenoptera musculus*

## 分类地位

哺乳纲鲸目须鲸科

## 形态特征

　　蓝鲸身躯瘦长，是地球上现存体积最大的动物。它长可达 33 米，体重可达 200 吨。如果按一个人的体重为 70 千克计算，那么一头蓝鲸相当于 2857 个人的体重。蓝鲸的体背面为淡蓝色或者青灰色，下面色浅至白色。体背面、侧面和腹部有杂斑。胸部与腹部排列着褶沟。蓝鲸的体形呈流畅的流线型，看起来像一把剃刀，因此也被称为剃刀鲸。

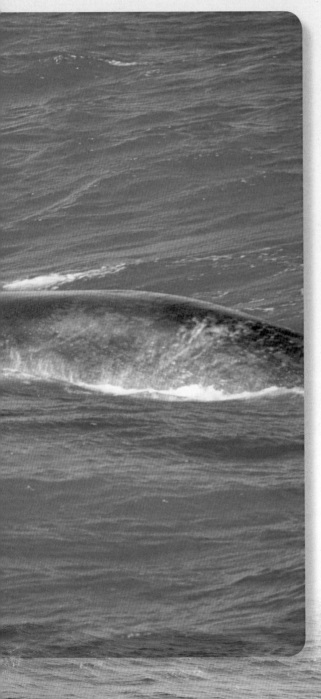

## 食物

小型甲壳类、小型鱼类、鱿鱼。

## 繁殖

蓝鲸在冬季繁殖，一般 2 ~ 3 年生育 1 次。孕期较长，为 10 ~ 12 个月，每胎产 1 仔。

## 分布

它在我国海域偶尔发现。南极海域数量较多，热带海域数量较少。

## 生存现状

蓝鲸皮下厚厚的脂肪层，具有一定的经济价值，因此遭到了大量的捕杀。除了海洋资源开发造成的海域污染之外，频繁的海洋运输产生的噪声，也影响了蓝鲸之间的交流进而影响它寻找配偶进行繁殖。另外，由于人类的捕捞和全球变暖导致的磷虾减产，使得主要以磷虾为食的蓝鲸的种群数量急剧减少。

一级

国家重点保护野生动物等级

EN

IUCN 濒危等级

## 保护

　　为保护濒临灭绝的鲸类资源，有关国家曾于 1931 年在日内瓦签署了捕鲸条约。1946 年多国政府签署了《国际捕鲸管制公约》，1948 年 7 月生效。1949 年又在伦敦召开了第 1 届国际捕鲸委员会（IWC）会议，此后每年召开 1 次，讨论修订捕鲸法规、规定受保护鲸的种类等。受保护鲸的种类除北极鲸、露脊鲸、灰鲸外，又增加了蓝鲸、座头鲸、长须鲸和鳁鲸。1979 年第 31 届国际捕鲸委员会会议决定无限期禁止捕鲸工船在南极作业，并将印度洋划为保护区。1982 年第 34 届国际捕鲸委员会又通过决议，在 1986 年度捕鲸季节过后暂时中止商业性捕鲸。1994 年，国际捕鲸委员会批准了环南极的鲸鱼保护区。我国于 1980 年 9 月在《国际捕鲸管制公约》上签字。国际捕鲸委员会已有 38 个成员国。

### 海之眼

#### 现存最大的哺乳动物

如果在陆地上有一种"庞大"叫作"大象"，那么在海洋中，这种"庞大"应该名为"蓝鲸"。无论是体长还是体重，蓝鲸都无愧为世界上现存最大的哺乳动物。一头蓝鲸的体重约200吨，相当于40头大象的体重，其巨大可想而知。一头蓝鲸的长度相当于一个篮球场的长，单单是它的舌头上就可以站50个人。但是相比蓝鲸庞大的身躯，它却拥有一个"针眼"一般的喉咙。也就是说，我们随手丢弃的几个饮料瓶子，就能把它噎死。所以大家一定要保护环境，不要乱扔垃圾。

# 小须鲸
### *Balaenoptera acutorostrata*

## 分类地位

哺乳纲鲸目须鲸科

## 形态特征

小须鲸相较其他鲸类体形较小，成年小须鲸体长 7 米左右。它的头部较小，上颌前端比较尖，俯视犹如等腰三角形。它的背鳍较长，后端弯曲，像一把巨型的镰刀。小须鲸的背部与身体的两侧呈浅蓝色或者灰色，腹部乳白色，鲸须呈黄白色。

### 食物

磷虾、小型鱼类。

### 繁殖

小须鲸繁殖期不固定，一般在 7—9 月。小须鲸的妊娠期长约 10 个月，每胎产一般 1 仔，偶有双胞胎。

### 分布

它在我国的渤海、黄海、东海、南海均有发现，其中，在黄海分布较多。在世界范围内它广泛分布于各大洋，热带海域相对较少。

### 生存现状

由于个体较小，小须鲸通常不被作为捕猎的对象。但是在大型鲸禁捕之后，小须鲸成了唯一的捕猎对象，由于商业捕捞，种群逐渐减少。2019 年，日本重启商业捕鲸后，小须鲸的生存面临威胁。

一级
国家重点保护野生动物等级

**LC**
IUCN 濒危等级

## 保护

1981 年我国终止捕鲸，但日本、韩国继续在日本海及黄海南部猎捕小须鲸。韩国年获量 800 余头，而后产量急剧下降，直至 1986 年国际捕鲸委员会决议停止猎捕。

### 好奇的小须鲸

小须鲸对待人类温和而又谨慎，行动又时常透露出它们对人类的好奇。有潜水员在潜水的过程中，转身发现两头小须鲸正小心翼翼地靠近，并默默地观察着自己。它喜欢观察周围在发生着什么，偶尔也会浮到海面上"窥探"人类。我们不妨猜测，小须鲸对人类的好奇，或许并不比人类对它们的少。

# 塞鲸

## *Balaenoptera borealis*

### 分类地位

哺乳纲鲸目须鲸科

### 形态特征

塞鲸的体形相对较小，成年塞鲸长度不超过 20 米，体重为 20 ~ 25 吨。塞鲸的头部颜色对称，由顶部向头底部逐渐变浅。背部和身体两侧则呈现蓝灰色或者灰色，腹部和侧面存在灰白色或白色的疤痕，远看好似大理石的花纹一般。背鳍较小，靠近尾端，直立在塞鲸的身体上。尾鳍宽大，大多呈灰色，中央有较深的凹刻。

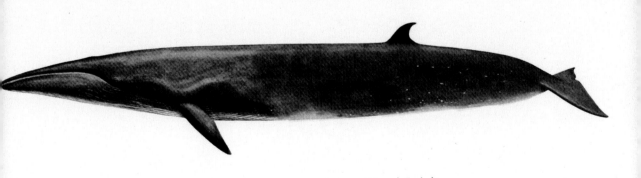

一级
国家重点保护野生动物等级

EN
IUCN 濒危等级

## 食物

甲壳类、小型鱼类。

## 繁殖

塞鲸的繁殖周期一般为 2 ~ 3 年。妊娠期长，为 11 个月左右。雌性塞鲸大多在冬季的暖海产仔，每胎产 1 仔。

## 分布

它在我国的东海、南海和黄海海域均有分布，但数量较少。在世界范围内它主要分布于太平洋、北大西洋以及南极海域。

## 生存现状

蓝鲸和长须鲸等数量减少，塞鲸成为捕猎者的新目标。目前，日本已经恢复了在太平洋海域捕猎塞鲸的活动。塞鲸种群数量呈现不断下降的趋势。

## 保护

　　塞鲸在《中国物种红色名录》中被列为濒危物种。20世纪70年代末，国际捕鲸委员会逐步禁止在北太平洋、北大西洋和南半球对塞鲸的商业捕捞。塞鲸被列入《濒危野生动植物种国际贸易公约》附录Ⅰ。

### 海之眼

#### "游泳健将"

　　与其他鲸类相比，塞鲸可以说是一种"苗条"的鲸。它们的脂肪层很薄，厚度只有几厘米，这也是它们经常出现在温带海域的原因。它们虽然身材纤细，但是尾部十分粗壮，分布着大量的肌肉，成为塞鲸在海中游泳的强劲动力源。塞鲸的游泳速度最高可达35千米/时，它们游泳时犹如发射的鱼雷一般，灵动如风，迅捷如电。

# 布氏鲸

*Balaenoptera edeni*

## 分类地位

哺乳纲鲸目须鲸科

## 形态特征

布氏鲸背部颜色较深，多为蓝黑色，腹部为浅灰色或淡黄色。有的个体身上会出现灰色椭圆形的斑点。它巨大的下颌上长有两排须板。头的背面有三条隆起的脊。布氏鲸的背部长有一个弯弯的背鳍，像一把镰刀。

## 食物

鱼类、甲壳类。

## 繁殖

布氏鲸无明显的繁殖期划分，孕期长，约为 12 个月，出生时体长约为 4 米，体重约为 1 吨。

## 分布

在我国它主要出现在台湾海域。在世界范围内它主要分布在南太平洋、大西洋和印度洋的热带和温带海域。

## 生存现状

布氏鲸行踪诡秘，很难被人找到，因此也被称作"最不为人知和最与众不同的鲸"。海洋污染和全球气候变暖等因素，依旧对布氏鲸的生存产生了一定的威胁。

## 保护

2021 年，深圳大鹏湾海域出现布氏鲸后，便呼吁市民及船员不要靠近、不要围观、不要投喂，来往船只尽量避开绕行。涠洲岛也及时展开了保护布氏鲸的行动。涠洲岛旅游区管委会联合当地海洋、渔政部门发布《涠洲岛鲸鱼保护及维护海洋生态环境倡议书》。布氏鲸被列入《濒危野生动植物种国际贸易公约》附录Ⅰ。

一级

国家重点保护野生动物等级

LC

IUCN 濒危等级

## 海之眼

### "海中猎手"

与张着大嘴缓慢地在海中游来游去获得食物的塞鲸相比，布氏鲸是有策略和掠夺性的海中猎手。布氏鲸通常会在鱼群最密集的地方突然出现，依靠突然袭击，将惊慌失措的鱼群和海水一同吸入口中。而这些密集的鱼群有的是其他掠食者驱赶而成的。鹬蚌相争，渔翁得利。显然，布氏鲸就是"渔翁"，而其他的"猎手"迫于布氏鲸的"淫威"，只能等庞大的布氏鲸进食离开后再去捡食残羹冷炙。

# 大村鲸

*Balaenoptera omurai*

**分类地位**

哺乳纲鲸目须鲸科

**形态特征**

　　成年大村鲸体长可达 11 米，为中型鲸。大村鲸从形态上与后文介绍的长须鲸十分相似，只是体形相对较小。它的腹部褶皱相较同为须鲸科的小须鲸和布氏鲸更多，为 74 条左右。较为独特的是，它的头顶有着不对称的颜色。

磷虾。

分布

热带及亚热带海域。

**一级**
国家重点保护野生动物等级

**DD**
IUCN 濒危等级

### 神秘的鲸

  大村鲸直到 2003 年才被正式确认和命名。因为它的模式标本来源于搁浅在日本山口县的角岛，所以又名角岛鲸。"大村"则是为了纪念日本鲸豚学者大村秀雄。大村鲸通常活动在十分偏远的海域，很难被人发现，目前人们对它们的了解仍然十分有限。

# 长须鲸

*Balaenoptera physalus*

## 分类地位

哺乳纲鲸目须鲸科

## 形态特征

　　长须鲸"名不虚传"，它的口内侧有长长的须板，长度为 70 ～ 90 厘米。背部颜色较深，多为深灰色或者黑色，腹部、鳍肢和尾鳍后部颜色较浅，多为灰白色或白色。尾鳍很宽，尾鳍后缘为锯齿状，就像一把半开的巨型扇子。

## 食物

磷虾等小型甲壳类、群游性鱼类、乌贼 。

## 繁殖

长须鲸夏天迁徙至较冷的海域觅食，冬季返回较暖的海域繁殖。繁殖间隔 2 ~ 3 年，妊娠期长，约为 1 年，通常每胎产 1 仔。幼鲸出生 6 个月后断奶。

## 分布

在我国它见于东海、黄海和南海。它在世界范围内分布范围十分广阔，南至南极海域，北至北冰洋均有分布，南极海域数量较多。

## 生存现状

长须鲸鲸脂和鲸须都有很高的经济价值，综合利用价值很高。尤其是在其他鲸鱼猎捕过度之后，长须鲸更是成为世界捕鲸业的重要目标。在国际捕鲸委员会的程序之下，原住民的捕鲸活动仍在北半球的格陵兰持续。日本也已恢复商业捕鲸，威胁了长须鲸的生存。此外，海上交通以及军事活动产生的海洋噪声也影响了长须鲸的交流，进一步影响了其种群数量。

**一级**

国家重点保护野生动物等级

**VU**

IUCN 濒危等级

## 保护

2021 年 2 月，长须鲸被列入《国家重点保护野生动物名录》，为一级保护动物。国际捕鲸委员会在 1976 年开始禁止在南半球捕杀长须鲸。

### 海之眼

### 海中"男低音"

科学家曾记录到一种异常响亮并且十分富有规律的声音。科学家十分疑惑，有的猜测这是一种地球上的物理学现象，有的认为这只是海底的潜艇发出来的。后来的研究结果让科学家们十分惊讶，这种声音竟然是由长须鲸发出的。长须鲸是天生的"歌唱家"，而且会"唱歌"的都是雄性。它们发出的声音频率非常低，甚至低于人类可以听到的频率。长须鲸的"歌唱"会持续许多天，并且几千米外都可以检测到。这种声音通常在繁殖期发出，因此科学家猜测，长须鲸唱的或许是"求偶之歌"。

# 大翅鲸

*Megaptera novaeangliae*

## 分类地位

哺乳纲鲸目须鲸科

## 形态特征

大翅鲸身体较为肥大，在尾部逐渐收窄。从它的上方观察，它的呼吸孔到吻部以及下颌边缘有瘤状突起。顾名思义，大翅鲸拥有十分巨大的鳍肢，长度为体长的1/3左右，如同两个巨大的翅膀。它的鳍肢前段凹凸不平如锯齿，尾部宽大。大翅鲸的背部为黑色，分布有斑纹，腹部为黑色或者白色，不同个体之间差异较大。

**食物**

磷虾、群游性小型鱼类。

**繁殖**

繁殖间隔为 2 ~ 3 年，妊娠期长，为 11 ~ 12 个月，每胎产 1 仔。

**分布**

大翅鲸在我国的黄海、东海、南海均有分布，它主要集中在黄海北部和台湾南部海域。在世界范围内的各大洋都有发现。

一级
国家重点保护野生动物等级

LC
IUCN 濒危等级

## 生存现状

　　因为利用价值高，大翅鲸遭到了大量捕杀，数量日渐减少。随着海上交通和渔业的发展，与船只碰撞死亡的大翅鲸数量也大大增加。除此之外，搁浅也是大翅鲸数量减少的原因之一，而其搁浅的原因至今仍是未解之谜。

## 保护

大翅鲸被列入《中国物种红色名录》。大翅鲸搁浅事件在我国也时有发生，海洋动物保护组织及渔政、科研人员等均积极救助。1986 年，世界捕鲸委员会禁止商业捕鲸，大翅鲸种群在过去 40 多年中的复苏，被誉为全球海洋动物保护的成功案例之一。但是随着日本等国家恢复捕鲸，大翅鲸的保护仍然任重道远。

## 海之眼

### "社交达人"

亚里士多德说："从本质上讲，人是一种社会性动物。"实际上，大翅鲸也是一种很喜欢"社交"的鲸。它们性情十分温顺，个体之间也经常相互触摸来表达彼此的感情。虽然结群不大，但是大翅鲸时常结对伴游，就像人类和好朋友一起出行一般。雌雄大翅鲸以及大翅鲸母子之间，通常有着十分深厚的感情。而与敌人战斗时，大翅鲸则会用巨大的鳍肢或者强有力的尾巴猛击对方。

# 中华白海豚

*Sousa chinensis*

### 分类地位

哺乳纲鲸目海豚科

### 形态特征

　　中华白海豚体呈纺锤形且粗壮有力，吻部较为狭长。成年个体体长 2 米左右，体重 200 ～ 250 千克，全身呈高贵大气的象牙白或者乳白色，有时还会表现出可爱的淡粉色。细小的灰黑色斑点分布在背上。中华白海豚的背鳍呈后倾的三角形，远远看去，中华白海豚像是弓着背一般。它的尾鳍水平，健壮有力，为它在水中遨游提供强大动力。

## 食物

中小型鱼类。

## 繁殖

繁殖率低，繁殖间隔长。孕期长，约为10个月。哺乳期长，可达20个月。

## 分布

中华白海豚主要分布在我国东海和南海的港湾，比较集中的区域是厦门的九龙江口和广东的珠江口附近。在世界范围内它分布广泛。澳大利亚中部及北部、印度尼西亚至南非的热带和温带沿岸都有分布。

国家重点保护野生动物等级

IUCN 濒危等级

### 生存现状

目前，中华白海豚有濒临绝迹的危险。除了繁殖率低和生存率低的自然因素之外，生存环境的恶化等人为因素也威胁着它们。栖息地锐减、水下噪声加剧、水污染以及渔业的发展都严重影响了中华白海豚的生存。目前，我国中华白海豚约有 5000 头。

### 保护

1988 年，国务院颁布《中华人民共和国重点保护野生动物名录》，把中华白海豚列为国家一级重点保护野生动物。1997 年，厦门建立中华白海豚自然保护区。1999 年，广东建立珠江口中华白海豚自然保护区。2003 年，福建东山至广东南澳海域列为联合国海洋生物多样性保护示范区，重点保护对象是中华白海豚。香港特别行政区政府也建立了自然保护区，并成立"中华白海豚资源中心"。

## 海之眼

### 香港的"回归吉祥物"——中华白海豚

1997年，在香港回归庆祝活动中，中华白海豚当选为吉祥物。它的当选，不仅因其独特的粉红色外表受人喜爱，更有其特殊的象征意义。中华白海豚在我国香港附近水域时有出没，每年都会游回珠江三角洲附近繁殖后代。这种活动让人们在中华白海豚身上寄托了一丝依恋故土、热爱家园的情怀。除此之外，中华白海豚具有"家族依恋"，个体之间的联系十分紧密。三五成群的中华白海豚或雌雄相伴，或母子同游，一个家族形影不离。母海豚对小海豚的保护可以称得上无微不至。这种家族依恋的情结与香港回归祖国的热切心愿相契合，展现着内地与香港之间的血脉情深。

# 糙齿海豚
***Steno bredanensis***

分类地位

哺乳纲鲸目海豚科

形态特征

糙齿海豚的身体呈中间粗、两头细的纺锤形，背鳍着生的附近最粗。背鳍呈三角形，后缘向内凹陷，像一把锋利的镰刀。糙齿海豚通体炭灰色或者黑色，腹部有不规则的白斑。值得注意的是，糙齿海豚的吻部十分狭长，且上下颌每一侧都有 20 ～ 27 枚很大的牙齿，齿冠的部分有许多纵行的皱纹，糙齿海豚因此得名。

## 食物

鱼类、头足类。

## 繁殖

糙齿海豚幼体长约 1 米。雌性在 9 龄性成熟，雄性 5 龄性成熟。成熟的雄性在体长上大于雌性，呈现两性异形的特征。

## 分布

在我国，糙齿海豚主要分布在黄海沿岸和东海、南海的部分水域。在世界范围内，它广泛分布于大西洋、印度洋、东南太平洋的热带和暖温带海域。

**二级**
国家重点保护野生动物等级

**LC**
IUCN 濒危等级

## 保护

我国广西形成了海洋野生动物救护网络，上海建立九段沙湿地国家级自然保护区，对糙齿海豚进行救护和保护。目前，糙齿海豚的人工饲养已经成功。

### "海洋旅行者"

糙齿海豚的活动范围十分广阔，在深海和浅海都能生存。它们的游速很快并且擅长潜水，也因此具备了很好的巡游的能力。作为海洋的旅行者，糙齿海豚的旅途却并不孤独。糙齿海豚具备强大的社交能力，同伴之间的依恋性很强。在旅行途中，它们时常和同伴进行身体接触，或者相对而游。如果有成员受伤，它的同伴会在下面游动，帮助受伤的海豚浮向水面游泳，互帮互助。糙齿海豚在海洋中，进行着奇妙的"组团旅行"。

# 热带点斑原海豚

*Stenella attenuata*

## 分类地位

哺乳纲鲸目海豚科

## 形态特征

热带点斑原海豚的背部呈现蓝灰色，背部反光后偶尔呈现出奇幻的绛紫色或者深绿色。热带点斑原海豚从额的中部到背鳍的后部，与腹部向白色过渡的区域交接形成了一条连接呼吸孔和背鳍后部的流畅的弧线，弧线以上的部分分布着白色的斑点，如同一件黑色带有白色斑点的美丽披肩。热带点斑原海豚在出生之后，随着年龄的增长，斑点首先在腹部出现，星星点点。成熟之后，身体背面为浅色斑点，身体腹面为深色的斑点。

## 食物

小型鱼类、头足类、甲壳类。

## 繁殖

繁殖期主要在春季和秋季，妊娠期长，11个月左右，每胎产1仔。哺乳期长，可达29个月。

## 分布

在我国，热带点斑原海豚主要分布于台湾附近海域以及广东、广西和海南的沿海。在世界范围内，它分布在热带及部分亚热带海域。

## 生存现状

自19世纪60年代起，由于海洋渔业的发展，东太平洋热带海域的热带点斑原海豚种群数量骤降。由于热带点斑原海豚有倾向于与黄鳍金枪鱼一起游泳的特性，渔民利用这一特征可以寻找捕鱼目标。渔网的缠绕和食物的减少，加之海洋污染等因素严重威胁了热带点斑原海豚的生存。

**二级**

国家重点保护野生动物等级

**LC**

IUCN 濒危等级

**保护**

《中国物种红色名录》将热带点斑原海豚列为易危物种。热带点斑原海豚已被列入《濒危野生动植物种国际贸易公约》附录 II 。

### 海之眼

#### 活力十足的"海上健将"

热带点斑原海豚是行为非常活跃的一种海豚。游速上，能够达到 28 千米 / 时，最快可达 40 千米 / 时。在茫茫的大海上，根据泛起的白色泡沫就可以寻找到它们的身影。热带点斑原海豚会以小角度长距离跳跃，奋起激浪，跃入高空，击起大片水花。热带点斑原海豚幼体甚至可以垂直跳跃到很高的高度。偶尔，它们也会追随着海上的船只，或在船首波上乘浪，是当之无愧的"海上健将"。

# 条纹原海豚

*Stenella coeruleoalba*

### 分类地位

哺乳纲鲸目海豚科

### 形态特征

条纹原海豚在外形上最显著的特征莫过于它身上独特的条纹图案。背部沿脊柱有一条白色到浅灰色的条纹，从眼睛到尾部有两条深蓝色的带状条纹，全身的条纹呈流线型分布，如同被柔软的丝带缠绕，美丽多姿。有的条纹原海豚的眼睛、吻部和额头交接的地方还有一条黑带，好似一位戴着黑色圆顶礼帽的"绅士"。条纹原海豚的背部深蓝色，腹部乳白色，因此又名蓝白海豚。

## 食物

头足类、甲壳类、硬骨鱼类。

## 繁殖

繁殖期主要在春季和秋季，不同地区的种群有所差异。妊娠期长，可达 13 个月，繁殖间隔长，每胎产 1 仔。

## 分布

在我国它主要分布在台湾沿海。在世界范围内它则广泛分布于大西洋、太平洋和印度洋的热带与温带海域，地中海、加勒比海和墨西哥湾北部等海域也发现了条纹原海豚的身影。

二级
国家重点保护野生动物等级

LC
IUCN 濒危等级

## 生存现状

条纹原海豚喜群游，通常结成百余头的大群，也有上千头的大群。过去，条纹原海豚的数量十分丰富。后来随着人类的肆意捕杀，种群数量锐减。到今天，随着海洋环境的日益恶化，加上许多地区的小型捕鲸业的捕杀，条纹原海豚的数量仍在急剧减少。

## 保护

我国珠江口中华白海豚国家级自然保护区发现过条纹原海豚的身影。条纹原海豚被列为《濒危野生动植物种国际贸易公约》附录 II。

### 胆小的条纹原海豚

　　条纹原海豚是一种十分胆小的海豚。它们生性机敏胆怯，对于各种异常的声响十分害怕，有一点风吹草动便会逃之夭夭。它们通常群体活动，若向海中抛石或者击水，甚至大声地恐吓都能将整群的海豚驱赶，逃到海湾中躲避。它们的胆小不仅让它们疲于奔命，更是让它们不敢反抗，如果条纹原海豚不幸被渔网捕获，胆怯的它们甚至不敢越过渔网或者破网逃跑。

# 飞旋原海豚

*Stenella longirostris*

### 分类地位

哺乳纲鲸目海豚科

### 形态特征

飞旋原海豚体形修长，喙长而细，像一把自头顶伸出的剑。它的背鳍呈三角形，但是形态多样，有的像一把镰刀，有的像等腰三角形，还有的背鳍向前倾斜，游泳时看起来像是在倒退着行进一般。它的身体通常按照上部、中部和下部分为三种颜色：背部为炭灰色，好似身穿一条灰色披肩，英姿飒爽；体侧为浅灰色；腹部为白色。

## 食物

大洋鱼类、头足类、甲壳类。

## 繁殖

飞旋原海豚有春季和秋季繁殖期。妊娠期长约 10 个月，每胎通常产 1 仔，繁殖间隔较长，约为 3 年。哺乳期长达 11 个月。

二级
国家重点保护野生动物等级

LC
IUCN 濒危等级

## 分布

飞旋原海豚主要分布在我国福建、台湾和广西沿海。在世界范围内它广泛分布在太平洋、印度洋和大西洋的热带海域。

## 生存现状

飞旋海豚在被列为保护动物之前，曾是渔民的重要猎物之一。许多地区将海豚肉作为食用肉类，严重威胁了飞旋原海豚的生存。加之海洋生态环境的恶化，飞旋原海豚的生存境况不容乐观。

## 保护

飞旋原海豚被列入《濒危野生动植物
种国际贸易公约》附录Ⅱ。

### 海洋中的"翻转精灵"

飞旋原海豚是海洋中十分活跃的海豚。它们游泳速度快，性情活泼，十分喜欢跃出水面，对待人类十分友善。灵巧的身体和发达的肌肉使它们跃出水面后能围绕身体纵向轴在空中翻转数圈后落下，甚至可以旋转7次。绚丽的空中转体，让它们好似冰面上翩翩起舞的花样滑冰运动员。科学家们分析，或许这华丽的空中动作，并不仅仅是为了玩耍和吸引"观众"，还可以帮助飞旋原海豚在旋转的过程中摆脱附在背上的寄生鱼类。

# 真海豚
*Delphinus*

长喙真海豚

## 分类地位

哺乳纲鲸目海豚科

## 形态特征

　　真海豚分为长喙真海豚和短喙真海豚两种。其中，短喙真海豚体呈纺锤形，额头隆起。背部大多呈现蓝黑色或者灰色，腹部乳白色。在背部和胸部之间有的分布有土黄色。短喙真海豚身上明显的特征是它的身侧长有灰白相间的斑纹，斑纹在腹部呈现交叉状。长喙真海豚体形与短喙真海豚相似但更为细长，特别是喙较长。上颌和下颌都分布有尖而锐利的小牙齿，便于长喙真海豚捕食。背鳍位于身体的中部，大多呈镰刀形。两侧的鳍肢末端较尖。背部漆黑，但较短吻真海豚颜色更深，腹部乳白色，眼睛周围就像大熊猫一样长有黑眼圈。眼睛到额头与喙部的交界处有一条黑色的色带，在嘴角的地方弯成V形，视觉上使它们的喙部显得更加细长。

短喙真海豚

短喙真海豚

二级

国家重点保护野生动物等级

IUCN 濒危等级

短喙真海豚

## 食物

集群性鱼类、乌贼等。

## 繁殖

妊娠期长，为 9 ~ 11 个月，哺乳期 6 个月左右，每胎产 1 仔。

## 分布

真海豚的分布十分广泛，在我国渤海、黄海、东海、南海均有分布，它主要分布在各大渔场附近。在世界范围它主要分布在印度洋、太平洋的热带海域。

长喙真海豚

## 生存现状

长喙真海豚经常被拖网误捕，影响了它们的正常生存。海上交通的发展、海洋污染等导致海洋生态环境恶化，也严重威胁了长喙真海豚的生存。真海豚曾因为人类的大量捕杀，被认为在北亚得里亚海功能性灭绝。意大利和南斯拉夫等国家都曾经鼓励当地渔民捕杀真海豚。目前，真海豚仍是世界上数目较多的鲸豚类动物，全球总数可达数百万只。

## 保护

长喙真海豚为我国二级重点保护野生动物，被列入《濒危野生动植物种国际贸易公约》附录Ⅱ。国际捕鲸委员会 1986 年通过了《全球禁止捕鲸公约》，严格禁止商业捕鲸，海豚也受到了一定的保护。1987 年国际鲸豚保育协会采取了一系列保护真海豚等海豚的措施，动物保护组织等民间团体也一直致力于真海豚的保护。在我国偶有出现长喙真海豚搁浅事件，人们对其实行积极的救助，帮助其重返海洋。广东建立了广东南澎列岛海洋生态国家级自然保护区，对长喙真海豚进行长期的调查与保护。

长喙真海豚

### 影视作品中的真海豚——《海豚湾》

　　狩猎海豚在世界大部分国家都是非法行为，但是在日本却是合法的。日本人有着悠久的捕杀和猎食海豚的历史。在他们的食谱上，海豚肉一直是重要的食材。数量庞大又亲近人类的真海豚，就曾经惨遭屠杀。《海豚湾》是一部拍摄于2009年、由美国的路易·西霍尤斯执导的纪录片，记录了日本太地町当地捕杀海豚的经过。碧蓝的海水被海豚的血液染成触目惊心的红色，成年的海豚亲眼看着自己的孩子、父母惨遭屠杀，海豚的哀叫声不绝于耳，令人不忍继续听下去。这部影片使得停止非法捕杀鲸和海豚的呼吁声空前高涨，推动了对它们的保护。

长喙真海豚

# 印太瓶鼻海豚

*Tursiops aduncus*

## 分类地位

哺乳纲鲸目海豚科

## 形态特征

　　印太瓶鼻海豚体长2～3米。它的额部高高隆起，喙部明显，牙齿较少。印太瓶鼻海豚的背部一般为灰黑色，腹部乳白色，腹部散布着许多灰色或者黑色的斑点，伴随着个体的不同，斑点疏密各有不同。

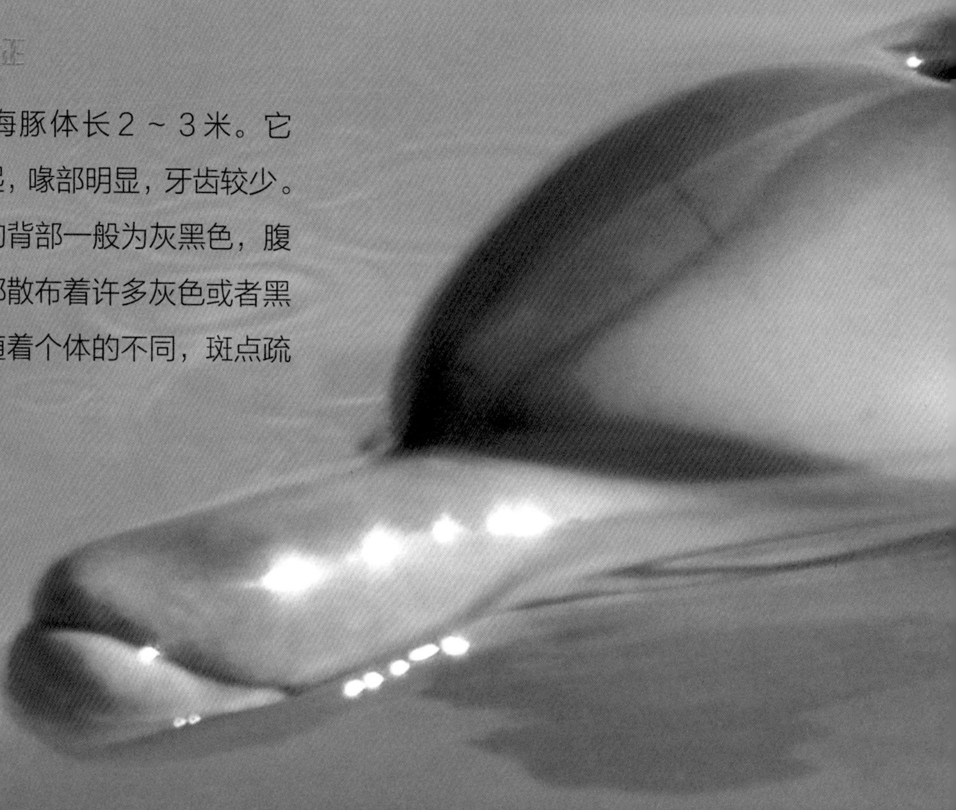

食物

群游性鱼类、头足类。

繁殖

繁殖间隔为2～3年，妊娠期长达12个月，每胎产1仔。

分布

它在我国的东海、南海有分布。在世界范围内，它主要分布在印度洋和太平洋的温带和热带海域。

## 生存现状

　　由于人类的肆意捕杀和误捕导致印太瓶鼻海豚的数量骤减。随着海洋资源的不断开发，印太瓶鼻海豚的栖息地逐渐减小，加之环境污染等人为因素的影响，印太瓶鼻海豚的自然增殖十分困难。

## 保护

　　印太瓶鼻海豚在海洋展览馆和动物园中十分常见，驯养的印太瓶鼻海豚受到了很周密的保护。在我国广西北部湾地区也实行一系列措施对印太瓶鼻海豚的生存环境进行重点区域保护。除此之外，蓝丝带海洋保护协会等民间组织也积极进行搁浅印太瓶鼻海豚的救助工作。在世界范围内，随着人们保护意识的增强，部分地区的印太瓶鼻海豚已经习惯了人类游泳者的存在。

海之眼 ————————

**"海洋明星"**

印太瓶鼻海豚性情活泼，游泳的时候经常跃出水面，是公认的智力发达的海豚。超高的智力、超强的理解能力以及活泼的性格使得印太瓶鼻海豚成为海洋动物中明星。随着训练员的手势和哨音，它们或飞跃出水面，或整齐划一地探出头，甚至完成高难度的特技动作。然而海洋馆的动物表演再精彩，也远不及它们在海洋中自由徜徉的身姿令人向往。我们要抵制非法的动物表演，没有买卖，就没有伤害。

# 瓶鼻海豚

*Tursiops truncatus*

## 分类地位

哺乳纲鲸目海豚科

## 形态特征

瓶鼻海豚比印太瓶鼻海豚体形偏大，体长在 3 米左右，成体可达 3.8 米，体重可达 650 千克。瓶鼻海豚通体黑灰色，由背鳍附近的深灰色渐变至腹部的乳白色。光滑而具有渐变色的皮肤使得它们在水中游泳时无论从上方还是下方都很难发现。瓶鼻海豚的额部突出，像戴着一顶棒球帽。它的上、下颌较长，口裂的形状好像在微笑一样。

## 食物

群游性鱼类、头足类。

## 繁殖

孕期长，为 11 ~ 12 个月，繁殖间隔为 2 年左右。特别的是，群体内雌性海豚生产过程中，其他雌性会在一旁协助并防御天敌的袭击。哺乳期很长，有 12 ~ 18 个月，其间，母海豚会教会小海豚捕猎等生存技能。

## 分布

它在我国渤海、黄海、东海、南海均有分布。在世界范围内它分布十分广泛，在温带和热带海域均有分布。

## 生存现状

瓶鼻海豚的分布范围十分广泛，个别种群由于气候的变化、人类的捕杀以及环境的污染等因素，生存受到了极大的威胁。

**二级**
国家重点保护野生动物等级

**LC**
IUCN 濒危等级

## 保护

我国采取了许多措施对瓶鼻海豚的栖息地进行保护，例如，建立了南澎列岛国家级自然保护区。我国濒危物种科学委员会规定，控制商业贸易，除个人少量携带之外，所有标本出口必须取得出口许可证。我国地方主管部门核发驯养繁殖许可证、经营利用许可证、配额、标识，对瓶鼻海豚进行保护。在人工繁育方面，我国在广州、上海、北京、青岛等地已经建立了海豚馆，而且规模越来越大。厦门和大连等地已经实现瓶鼻海豚的人工繁育。全球范围内也有大量水族馆和海洋公园饲养瓶鼻海豚。

### 海之眼

#### "微笑天使"

海豚是一个大众熟知的海洋生物，影视作品、书本上都能看到它们的身影。实际上，许多广泛意义上的"海豚"，以及动画片中的海豚形象都是以瓶鼻海豚为原型的。瓶鼻海豚的口角似乎总是带着微笑，短小可爱的啄部更添几分憨态可掬，讨喜的外形使它们在 2013 年美国有线电视新闻网（Cable News Network, CNN）评选的世界最可爱物种排行榜排名第八。之所以称它们为"微笑天使"，还因为它海上救人的英勇事迹。当有人落入水中，瓶鼻海豚会以为是自己的幼仔落水，因此奋力营救落水者。

# 弗氏海豚

*Lagenodelphis hosei*

**分类地位**

哺乳纲鲸目海豚科

**形态特征**

弗氏海豚的身体呈纺锤形，整体看来相较其他海豚更为"圆滚滚"。喙较短，背鳍也较小，近似一个顶端微微向后弯曲的等边三角形。鳍肢也小小的，末端又尖又细。弗氏海豚的背部呈蓝黑色或者黑灰色，腹部为白色或者粉红色。自它的嘴角经过眼睛到尾部下面有一条蓝黑色的宽带，将它的身体分割成不同颜色的上下两部分。

**食物**

鱼类、甲壳类、乌贼。

**繁殖**

全年皆可生育，繁殖高峰在夏季，妊娠期长达 11 个月，繁殖间隔一般为 2 年。

**分布**

在我国它常见于台湾沿海。在世界范围内它广泛分布于大西洋、印度洋和太平洋的热带与暖温带海域。

**二级**

国家重点保护野生动物等级

**LC**

IUCN 濒危等级

## 生存现状

弗氏海豚常与条纹原海豚等其他海豚混游。在人类捕捞作业过程中偶有捕获，造成其溺毙。随着生态环境的恶化及一些猎杀行为，弗氏海豚的种群数量逐渐减少。

## 保护

弗氏海豚已于 1989 年在《国家重点保护野生动物名录》中被列为国家二级重点保护野生动物，今后主要应加强对该珍稀物种的资源调查、宣传和科研力度，为将来制定和采取更为有效的保护管理措施奠定基础。弗氏海豚被列入《濒危野生动植物种国际贸易公约》附录Ⅱ，在世界范围内禁止商业性捕捞。

### 害怕船只的弗氏海豚

弗氏海豚性情十分害羞，海上活动并不频繁，也不爱表演和嬉戏。人们很少在海面上看到弗氏海豚。除此之外，生性胆小的它还十分害怕人类的船只。有的种类的海豚会对人类的船只有强烈的好奇心，而弗氏海豚往往远远地躲避，不敢靠近。

# 里氏海豚

*Grampus griseus*

### 分类地位

哺乳纲鲸目海豚科

### 形态特征

里氏海豚身体前端粗，后端细。头部圆钝，没有喙部。它的额头前方中央凹陷，好似一条纵列的沟壑。它的口裂很大，唇线向上弯，看上去像在微笑。里氏海豚的背部为浅灰色，腹部颜色较浅，背鳍和鳍肢以及尾巴为黑色。刚出生的幼豚为灰色，随着年龄的增长颜色逐渐变深，成年后呈棕褐色，随着变老逐渐褪色为浅灰色。身上通常遍布着白色的伤痕。

## 食物

鱼类、头足类、甲壳类。

## 繁殖

妊娠期长，可达 14 个月。幼豚出生时体长约为 1.5 米。

## 分布

在我国它主要分布于东海和南海。它广泛分布在世界温带海域。

## 生存现状

目前里氏海豚的数量较多，分布较广。里氏海豚经过水族馆的饲养和训练之后能够表演许多动作。随着海洋环境的污染，生态环境的恶化威胁了里氏海豚的生存。人们曾在搁浅的里氏海豚胃里找到难以消化的橡胶手套。

**二级**
国家重点保护野生动物等级

**LC**
IUCN 濒危等级

## 保护

我国南澎列岛国家级自然保护区为里氏海豚提供了十分丰富的食物来源，保护了里氏海豚的生存环境。里氏海豚被列入《濒危野生动植物种国际贸易公约》附录II。

### 海之眼

### 样貌沧桑的里氏海豚

里氏海豚很容易鉴别，不仅由于它们不同于其他海豚的体形，更主要的是里氏海豚那极富有沧桑感的体表。里氏海豚的身上看起来总是"伤痕累累"，布满了白色的"鞭痕"。里氏海豚虽然旧称花纹海豚，然而在它们刚出生时，身上是没有花纹的。随着年龄的增长，它们的身上遍布与其他里氏海豚或者与乌贼缠斗时留下的白色条状伤疤，看起来好像一道道白色的花纹。

里氏海豚

# 太平洋斑纹海豚

*Lagenorhynchus obliquidens*

## 分类地位

哺乳纲鲸目海豚科

## 形态特征

太平洋斑纹海豚身体呈纺锤形，头部较粗，尾端较细。背鳍高大，像一把高高竖起的镰刀。背部为深灰色或者黑色，腹部乳白色，身体两侧颜色多为灰白色。太平洋斑纹海豚的身体两侧各有一条黑色的条纹，自口角到鳍肢与躯干的交界处，向后一直延伸到尾部。相对地，在眼睛上方沿着鳍肢向后有一条淡灰色的条纹。背鳍前端为黑色，后端接近白色。整体看来黑色、白色和灰色的色块不均匀地分布在太平洋斑纹海豚的身上，有种独特的美感。

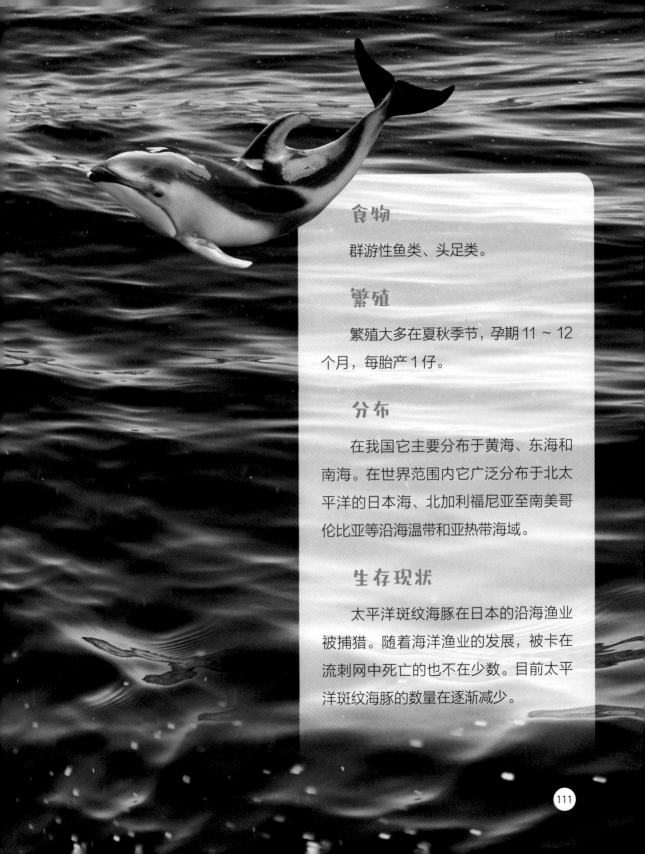

### 食物

群游性鱼类、头足类。

### 繁殖

繁殖大多在夏秋季节，孕期11～12个月，每胎产1仔。

### 分布

在我国它主要分布于黄海、东海和南海。在世界范围内它广泛分布于北太平洋的日本海、北加利福尼亚至南美哥伦比亚等沿海温带和亚热带海域。

### 生存现状

太平洋斑纹海豚在日本的沿海渔业被捕猎。随着海洋渔业的发展，被卡在流刺网中死亡的也不在少数。目前太平洋斑纹海豚的数量在逐渐减少。

二级

国家重点保护野生动物等级

LC

IUCN 濒危等级

**保护**

被列入《濒危野生动植物种国际贸易公约》附录Ⅱ。

**海之眼**

### "表现欲"强的太平洋斑纹海豚

太平洋斑纹海豚在海中可谓是"静若处子，动如脱兔"。它们有时候十分安静，不声不响地现身，贴近水面，像鲨鱼一样，露出背鳍，悄悄接近船只。而大多数时候，太平洋斑纹海豚则是"表现欲"强的"活跃分子"。它们个性活泼并且十分爱表演，酷爱船首乘浪，有时候还会在海面上跃身而出，在空中旋转或反转后落下，激起大片水花，十分壮观。

# 瓜头鲸
## *Peponocephala electra*

### 分类地位

哺乳纲鲸目海豚科

### 形态特征

瓜头鲸有圆圆的头和短小到近乎没有的喙部，头部看起来憨态可掬。牙齿较多，上颌每侧有 22 ~ 23 枚牙齿，下颌每侧有 21 ~ 24 枚牙齿。尾部细。瓜头鲸在水中游动时像一个巨大的水雷。瓜头鲸的背鳍为三角形，位于身体中部，微微向后弯曲，好比弯钩。瓜头鲸通体灰黑色，腹部颜色较浅，喉部有白斑。它的体长接近 3 米，其中，鳍肢的长度约为体长的 1/5，成年瓜头鲸的背鳍高可达 0.3 米，最大体重可达 275 千克。

**食物**

头足类、小型鱼类。

**繁殖**

妊娠期被认为是 12 个月，每胎产 1 仔。

**分布**

在我国它仅分布在海南和台湾海域。在世界范围内它分布于北太平洋和大西洋的热带与暖温带海域。

**生存现状**

某些地区有用瓜头鲸牙齿做装饰和货币的传统，因此，瓜头鲸成为许多地区驱赶猎捕的目标，有一定数量的瓜头鲸死于流刺网。大量的鲸群捕杀有时会发生在日本海域，加上不明原因的集群搁浅，瓜头鲸的数量逐渐减少。

**二级**
国家重点保护野生动物等级

**LC**
IUCN 濒危等级

## 搁浅的"小瓜瓜"

近年来，瓜头鲸集体搁浅事件接二连三地出现在大众的视野之中，让瓜头鲸这一神秘生物逐渐受到了人们的关注。2021年7月，12头瓜头鲸在浙江台州搁浅，令人揪心。网友关切地称它们为"小瓜瓜"。瓜头鲸搁浅频繁出现，导致它们搁浅的具体原因却依然不清楚。瓜头鲸是一种群居性极强的鲸类，一般由雌鲸首领带头活动，如果带路错误就可能集体搁浅。同时，自身的生病、衰老，也有可能是它们搁浅的"元凶"。然而更大的可能性，是人为因素的影响。噪声污染会导致瓜头鲸回声定位系统出现问题，最终迷失方向而搁浅，永远无法返回海洋。保护"小瓜瓜"，刻不容缓。

# 虎鲸

## *Orcinus orca*

### 分类地位

哺乳纲鲸目海豚科

### 形态特征

　　虎鲸身长6～7米，体重为4～6吨，有的甚至可达9.8米，重达10吨。虎鲸的身体呈梭形，背部有一个巨大的三角形背鳍，有的背鳍可达1.5米高，好似古代的兵器戟，孔武有力。虎鲸的特色为黑白分明的两色，背部为黑色，腹部为白色，在高高竖立的背鳍后有一块类似马鞍的白色斑块，两眼的后面各有一块椭圆形的白斑，像两个雪白的眼圈。其独特的配色酷似大熊猫，深受人们的喜爱。

二级

国家重点保护野生动物等级

DD

IUCN 濒危等级

## 食物

海洋哺乳动物如海豹、海狮、部分鲸类，以及头足类、鸟类。

## 繁殖

全年皆可繁殖，孕期长，约为17个月，每胎产1仔。

## 分布

它在我国的沿海均有发现，较常见于黄海和渤海海域附近。虎鲸的分布十分广泛，从两极到赤道海域均有分布。

## 生存现状

人为捕猎导致虎鲸的族群减少，目前在日本、格陵兰岛以及西印度群岛附近海域仍然有捕鲸者在持续进行捕捉虎鲸的行动，对当地的虎鲸族群生活造成了严重的威胁。除此之外，海洋污染和海洋环境的恶化，以及全球变暖等气候变化都对虎鲸的生存产生了一定的影响。

## 保护

国际自然保护联盟在2019年进行了全球性评估后，把虎鲸评定为极度濒危的物种，并记录在《国际自然保护联盟濒危物种红色名录》中。许多国家的政府出台了一系列保护虎鲸的政策，例如限制商业捕捞虎鲸的重要食物来源鲑鱼等。

### 海之眼

#### "海洋霸主"

虎鲸是世界上最强大的食肉动物之一，是海洋中的顶级掠食者。它们之所以站上食物链顶端，不仅仅是由于庞大的身躯和锋利的牙齿等卓越的身体条件，更是因为它们捕猎的智慧。虎鲸是一种高度社会化的海洋哺乳动物，群体内部分工明确，经常进行集体捕猎。当遇到狩猎目标时，它们有的从两侧包围拍打浮冰，让冰块裂开落入水中，有的在一旁井然有序地推动海水让猎物难以自如行动。在捕猎鱼群的时候，它们先将鱼群分割成小群便于猎食，随后将鱼群赶到水面，让它们无处可逃，再鼓起大浪将鱼群拍晕，最终将猎物吃入腹中。健壮的身体和聪明的大脑使虎鲸成为当之无愧的"海洋霸主"。

# 伪虎鲸

*Pseudorca crassidens*

### 分类地位

哺乳纲鲸目海豚科

### 形态特征

成年伪虎鲸体长5～6米，较虎鲸而言体形小。身体也较为匀称细长，近似圆柱形。伪虎鲸也不如虎鲸在外形上那般憨态可掬、受到大家喜爱，甚至被称作"可怕"，这主要是由于伪虎鲸的口十分巨大，并且口裂的方向斜向眼睛的方向切入，使面部看起来十分可怖。伪虎鲸通体漆黑，喉咙和胸部中间分布有一些浅色的斑点。个别伪虎鲸的头部两侧为灰黑色。

## 食物

乌贼、鱼类等。

## 繁殖

伪虎鲸全年皆可繁殖。繁殖周期长，妊娠期长，为 15 ～ 16 个月，每胎产 1 仔。

## 分布

它在我国的渤海、黄海、东海、南海均有分布。在世界范围内它广泛分布于温带与热带海域。

## 生存现状

伪虎鲸的脂肪、皮肉和骨都具有很高的利用价值，因而遭到人类的大量捕杀。人类的过度捕猎导致伪虎鲸的数量日渐减少。海洋环境的污染也严重威胁了伪虎鲸的生存环境。除此之外，伪虎鲸集体搁浅的行为频发，甚至导致整个种群的灭亡。

## 保护

我国的连云港是中国生物多样性保护与绿色发展基金会伪虎鲸保护地。近年来，进行了一系列活动，如进行海岸线清洁，来保护伪虎鲸栖息地的生态环境。同时，我国对搁浅的伪虎鲸进行积极的救援和保护。世界上也采取了一系列保护伪虎鲸的措施。2018 年 7 月 24 日，美国国家海洋渔业局（The National Marine Fisheries Service, NMFS）发表了针对夏威夷主岛的 150 只伪虎鲸关键栖息地的最终规定。夏威夷主岛周围 45325 平方千米，水深 45 ～ 3200 米的海域被划为伪虎鲸的保护性栖息地。

二级

国家重点保护野生动物等级

NT

IUCN 濒危等级

## 海之眼

### 集体搁浅的伪虎鲸

伪虎鲸的集体搁浅事件屡见不鲜。在世界范围内的许多地方都有伪虎鲸搁浅的事例，少则几十头，多则二三百头。在平静无波的海面上突然出现一群伪虎鲸，它们冲向陆地，纷纷横陈在沙滩上，如同停在岸边的一艘艘黑色的小船。有的伪虎鲸将头钻入岸边的石头缝中，大口大口地挣扎着呼吸。然而它们最终难逃搁浅而死的结局，这是因为尽管它们也使用肺呼吸，但是伪虎鲸巨大的骨架由于海水浮力的原因十分脆弱，搁浅后难以支撑身体的重量，最终在巨大的压力下死去。关于伪虎鲸搁浅的原因，有人认为是受到了全球气候变化的影响，也有人认为是捕食过程中的意外搁浅，还有学者认为是伪虎鲸回归祖先的返祖行为。迄今为止，伪虎鲸搁浅的原因学界尚无定论，伪虎鲸集体搁浅之谜仍未解开。

# 小虎鲸
## *Feresa attenuata*

### 分类地位

哺乳纲鲸目海豚科

### 形态特征

小虎鲸体形粗壮，在外观上与伪虎鲸类似，但是体形相对较小。小虎鲸无喙，头部浑圆，左右两侧稍扁。整体看来呈躯干粗、两端细的梭形。小虎鲸的鳍肢圆胖，末端圆钝，尾部尖锐。体色大多为黑色或者深褐色，唇部为白色，有的色斑延伸至下颌，如同白色的山羊胡子，十分个性。下腹部分布有圆形的白斑。后背有黑色或者深褐色的"披肩"，身体两侧的颜色较浅。

### 食物

鱼类、头足类、海狮、海豹。

### 繁殖

初生的小虎鲸体长约为80厘米。

### 分布

它在我国的东海和南海偶有发现。在世界范围内它主要分布于北太平洋、大西洋的热带和温带海域。

### 生存现状

小虎鲸数量稀少，在捕鱼过程中偶尔有捕获。小虎鲸很少出现在海面上，通常成群游行。

**二级**
国家重点保护野生动物等级

## 保护

小虎鲸被《中国红色物种名录》列为易危物种。同时，小虎鲸被列入《濒危野生动植物种国际贸易公约》附录 II 。

### 海之眼

### 短小精悍的"杀手"

小虎鲸没有虎鲸那样庞大的体形，甚至不如伪虎鲸的体形大，成年体长为 2.1 ~ 2.6 米。但就是这相对较小的体形，却隐藏着不输于虎鲸的能量。小虎鲸素有"杀手"之称，据有关记载，小虎鲸曾经有过攻击人类和其他鲸豚类的记录。同时，小虎鲸有高度的侵略性。人们在水面上甚至偶尔可以听到小虎鲸发出的愤怒的咆哮声，十分震慑人心。

# 短肢领航鲸

*Globicephala macrorhynchus*

## 分类地位

哺乳纲鲸目海豚科

## 形态特征

短肢领航鲸没有突出的喙部，头大而圆，因此又得名圆头鲸。头部与躯干之间的分界并不明显。整体看来，身体前部粗短有力，至尾部逐渐收窄细长。短肢领航鲸长有巨口，但口中牙齿较少，上下颌每侧仅有 7 ~ 9 枚牙齿。背鳍位于身体靠近头部的 1/3 处，形状十分独特。背鳍宽大于高，向后弯曲，后缘向内凹进，末端圆钝，类似人的手肘屈起。短肢领航鲸的体色大多为黑色，腹部颜色较浅，有灰色或者暗白色的斑纹。眼睛后部至背鳍有一条灰色或者白色的斑纹，好似一条披肩。

## 食物

头足类、鱼类。

## 繁殖

繁殖间隔长，为 3～5 年，妊娠期 15 个月以上，哺乳期长，约为 12 个月甚至数年。

## 分布

它在我国主要分布于东海南部以及南海海域。在世界范围内，它分布在各大洋的热带和暖温带海域。

## 生存现状

短肢领航鲸曾是渔民捕猎的对象，大量的捕杀使得短肢领航鲸的数量不断减少。目前，全球短肢领航鲸的数量不明，由于人类捕杀和环境的污染等因素，其生存现状不容乐观。

## 保护

在我国，短肢领航鲸为国家二级保护动物，严禁猎捕。在世界范围内，被列入《濒危野生动植物种国际贸易公约》附录Ⅱ。

二级
国家重点保护野生动物等级

LC
IUCN 濒危等级

## 渔船引路者——领航鲸

领航鲸是群体生活的动物，群体之间的联系十分紧密，即便受到了驱赶也不会轻易散群。通常由一头领航鲸引游，群体内的其他成员紧紧跟随其后。领航鲸的体形较大，渔船跟随领航鲸能够避开浅滩和暗礁，比较安全，不容易搁浅。加之领航鲸通常集群在海中觅食，渔船跟随着它们就能找到鱼群，就像是它们在给渔船领航一样。在海中迷失的大型船只，有时也会以领航鲸作为向导。领航鲸因此得名，成为渔船的引路者。

二级

国家重点保护野生动物等级

EN

IUCN 濒危等级

# 东亚江豚
## *Neophocaena asiaeorientalis*

### 分类地位

哺乳纲鲸目鼠海豚科

### 形态特征

东亚江豚体形略大于长江江豚，体长约 2 米。东亚江豚头部钝圆，形状与长江江豚类似。吻部短而宽，上下颌几乎一样长。牙齿短小。东亚江豚的眼睛很小，在圆滚滚的头部很不显眼。没有背鳍，但是尾鳍很大，像两叶船桨一般，且在尾鳍上有很明显的隆起鳍。

### 食物

鱼类、虾类、头足类。

### 繁殖

繁殖周期长，妊娠期为 10 ~ 11 个月，每胎产 1 仔。

## 分布

在我国它主要分布于渤海、黄海、东海。在世界范围内它主要分布在东亚各国如韩国和日本附近海域。

## 生存现状

目前，长岛海域东亚江豚种群数量超过 5000 多头次，成为已知黄渤海东亚江豚种群密度最大的海域。但是受到渔业误捕、环境污染以及食物来源减少等因素的影响，东亚江豚的生存受到了极大的威胁。

## 保护

在世界自然基金会（World Wide Fund for Nature/World Wildlife Fund）和一个地球"蔚蓝星球基金"支持下，自 2020 年蓝丝带海洋保护协会发起了"东亚江豚守护计划"，针对山东沿海江豚开展了调研、评估及保护行动，致力于形成科学的保护策略，建立江豚守护网络。

### 海之眼

**"海猪"**

每年 3—5 月份，我国的渔民出海打鱼时，偶尔能看到三五成群的"海猪"。渔民口中的这些"海猪"，其实就是东亚江豚。东亚江豚逐鱼而居，因此常与渔民相见。它们被称为"海猪"的原因，不仅仅在于它们那圆滚滚的脑袋和粗胖的躯干像小猪一般，还有一个令人心痛的原因。在东亚江豚的保护政策出台之前，市场上曾有把东亚江豚当鱼卖的非法行为，标价 10 元 / 千克，还赶不上蛤蜊的价钱。因此，在渔民口中，东亚江豚才会被称为"海猪"。在关注"微笑天使"长江江豚的同时，我们也要让这些可爱的东亚江豚受到应有的保护。

# 印太江豚

*Neophocaena phocaenoides*

二级

国家重点保护野生动物等级

**VU**

IUCN 濒危等级

## 分类地位

哺乳纲鲸目鼠海豚科

## 形态特征

印太江豚体形似鱼，头部短圆，额部向前突出，像中国传统文化中的寿星。吻部短而宽，眼睛如黑豆一般小巧可爱。印太江豚在阳光的照射下通体漆黑，没有背鳍，它们也因此在海上很难被发现。它们偶尔冒出水面呼吸，就像是海上随波起伏的黑色塑料袋一般。实际上印太江豚的背部为蓝灰色或者瓦灰色，侧面微蓝，腹部颜色较浅。

## 食物

鱼类、虾类、头足类。

## 繁殖

印太江豚繁殖期因地区差异而不同，每胎产1仔。

## 分布

印太江豚主要分布在我国南海粤港澳大湾区附近。在世界范围内印太江豚主要分布在西亚、南亚至太平洋西部沿海。

## 生存现状

由于渔业和海上交通运输的发展，被螺旋桨砍切致死的印太江豚较多，加之误捕以及气候变化等因素的影响，印太江豚的数量逐渐减少，生存现状不容乐观。

## 保护

印太江豚是国家二级保护动物，禁止非法捕猎和买卖。长江十年禁渔计划以及粤港澳大湾区的一系列生态环境保护政策对印太江豚起到了一定的保护作用。

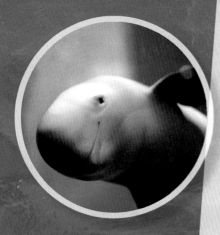

### 海之眼

#### 江豚怎么可能在海里？

"江豚怎么可能在海里？"在一次公益讲座上，一位听众提出了自己的疑问。和一般鲸类相比，江豚没有突出的背鳍结构，出水动作迅速，不到一秒就不见了，像一个随波起伏的黑色垃圾袋，很难被观察和辨识。印太江豚虽然是江豚，但是通常栖息在咸淡水交界的海域。它们生性害羞，很少集群活动，是"独行侠"。

# 抹香鲸

*Physeter macrocephalus*

**一级**

国家重点保护野生动物等级

**VU**

IUCN 濒危等级

## 分类地位

哺乳纲鲸目抹香鲸科

## 形态特征

体长可达18米，体形巨大，在海底游动时有如一艘潜水艇。抹香鲸的头部较大，成年雄鲸的头部尤为突出，长度占体长的1/4至1/3。但是抹香鲸的尾部不大，这使得它的身体又好像一只大大的蝌蚪。身体呈黑色或者灰色，在阳光下常呈现出棕褐色，身上分布着极具特色的像梅子干一样的花纹。

## 食物

大型乌贼、鱼类。

## 繁殖

繁殖速度缓慢，10岁左右性成熟。成年雌鲸每4～6年才怀胎一次，一般每胎产1仔，哺乳期1～2年。

## 分布

在我国抹香鲸主要分布在黄海、东海和南海。在世界范围内，抹香鲸广泛分布于不结冰的海域。

## 海之眼

### 龙涎香

龙涎香被称为"漂浮在海上的黄金",自古以来,就是香料中的极品。南宋杨万里在诗中写道:"遂以龙涎心字香,为君兴云绕明窗。"中国的古人认为它是龙的口水,因此得名龙涎。但这是道听途说。实际上,龙涎香是抹香鲸吞食乌贼或墨鱼后,胃肠道分泌出来的灰黑色的蜡状排泄物。刚排出体外的新鲜龙涎香带有粪便味,经过数年甚至数十年的风吹日晒与海水的浸泡洗刷,便可能陈化成为一块品质上乘的龙涎香。龙涎香黑褐色如琥珀,有时有五彩斑纹,呈不透明的固态蜡状胶块,焚之有持久香气,有股独特的甘甜土质香味,故西方称之为"灰琥珀"。

## 生存现状

对抹香鲸的商业性捕猎始于 18 世纪初,在随后的 2 个世纪里,捕杀抹香鲸扩大为世界性的产业。捕鲸者捕杀体形较大的成体雄鲸,从而影响了整个抹香鲸种群的生存和繁殖。现在,尽管人们采取了种种措施制止捕鲸活动,但为了获得昂贵的龙涎香,猖獗的捕杀行为一直存在,每年的捕杀数多达 30000 头。截至 2020 年 8 月,抹香鲸仅存 20 多万头。除此之外,渔具的缠绕和船只的碰撞也威胁了抹香鲸的生存。

## 保护

抹香鲸被《中国物种红色名录》列为濒危物种。1988 年国际捕鲸委员会实行暂停捕鲸后,停止了对抹香鲸的商业性猎捕。抹香鲸现已被列入《濒危野生动植物种国际贸易公约》附录Ⅱ。

二级

国家重点保护野生动物等级

LC

IUCN 濒危等级

# 小抹香鲸

*Kogia breviceps*

## 分类地位

哺乳纲鲸目抹香鲸科

## 形态特征

顾名思义，小抹香鲸在形态方面与抹香鲸类似，只是体形相对较小。成年小抹香鲸体长约 4 米。背部为炭灰色或者藏蓝色，腹部颜色较浅，多为灰白色或者瓦灰色。小抹香鲸的吻突呈三角形，下颌短而狭窄。

## 食物

乌贼、鱼类。

## 繁殖

妊娠期为 11 个月，每胎产 1 仔，哺乳期约为 1 年。

## 分布

小抹香鲸多见于我国的南海和台湾海域。在世界范围内小抹香鲸广泛分布于北半球温带和热带海域。

## 生存现状

小抹香鲸在自然界的数量十分稀少。目前，除了气候变化和海洋环境污染之外，渔具的缠绕和船只的碰撞也威胁了小抹香鲸的生存。

## 保护

1988 年国际捕鲸委员会实行暂停捕鲸后，停止了对小抹香鲸的商业性猎捕。小抹香鲸现已被列入《濒危野生动植物种国际贸易公约》。

## 海之眼

### 在海上"躺平"

小抹香鲸在海上通常三五成群活动。与它们庞大的体形相对的是，它们动作十分迟缓，时常静静地躺在水面，露出头顶，尾部则随意悬垂，像是在公园躺椅上静静晒太阳的老人，享受自由的时光。小抹香鲸的喷气也不很明显，加上它们绝不会游向船只，因此在海上很少被发现。然而，因为它们经常在海上静静"躺平"，因此船只偶尔能够接近它们。

# 侏抹香鲸
## *Kogia sima*

### 分类地位

哺乳纲鲸目小抹香鲸科

### 形态特征

成年侏抹香鲸体长 2.1 ~ 2.7 米，体重小于 300 千克。在形态上与小抹香鲸十分相似，但是体形相较小抹香鲸要更小一些。背鳍位于躯干正中央且比较高，像一把高高竖起的镰刀。侏抹香鲸的头部与鲨鱼十分相似，吻端稍尖，躯干粗壮，尾部尖。眼睛后侧有淡色的线，呈新月形，位置和形状十分类似鱼鳃，但是并不能起到在水中呼吸的作用，因而称作"假鳃"或者"伪鳃"。背部呈蓝灰色或者灰色，腹部颜色略浅。

### 食物

头足类、甲壳类、鱼类。

### 繁殖

每年产 1 仔。初生的幼鲸体长不到 1 米。

### 分布

在我国侏抹香鲸主要分布在台湾沿海。在世界范围内侏抹香鲸广泛分布于热带和亚热带海域。

**二级**

国家重点保护野生动物等级

**LC**

IUCN 濒危等级

## 生存现状

目前，针对侏抹香鲸的偷猎捕杀仍然屡禁不绝，其数量逐渐减少。随着海洋渔业的发展，不规范的捕鱼方式如流刺网等也对侏抹香鲸的生存造成了极大的威胁。除此之外，生态环境的污染和破坏也严重影响了侏抹香鲸的生存。

## 保护

侏抹香鲸被《中国物种红色名录》列为濒危物种。1988 年国际捕鲸委员会实行暂停捕鲸后，停止了对侏抹香鲸的商业性猎捕。侏抹香鲸现已被列入《濒危野生动植物种国际贸易公约》附录 II。

**海之眼**

### 鲸中"章鱼"

我们都知道章鱼在受到惊吓或者感到危险的时候会喷射墨汁，侏抹香鲸也有类似章鱼一样的逃跑技能。当侏抹香鲸突然受惊或者遇到危险，它们就会喷射处一种红棕色的液体。许多不了解情况的人还以为这是放出来的血液，像壁虎断尾逃生一般。实则不然，这一红色的"烟雾弹"是侏抹香鲸的肠液和粪便，用来模糊大鲨鱼和虎鲸等大型掠食者的视线，为自己争得一线生机。

二级
国家重点保护野生动物等级

# 鹅喙鲸
*Ziphius cavirostris*

## 分类地位

哺乳纲鲸目喙鲸科

## 形态特征

鹅喙鲸身体呈中间粗壮、两端较细的纺锤形。头部较小，头部的前端像一鹅卵般的额隆，喙部与额头之间的分界并不十分明显，侧面看来就如同一顶鹅冠。下颌比上颌长，下颌仅有一对圆形的锥齿伸向前方，上颌没有牙齿，形态十分奇特。体色大部分为棕灰色，腹部颜色较淡，口部以及周围呈乳白色，有的个体身上还有色泽不一的白色斑纹和疤痕。

## 食物

鱿鱼、鱼类。

## 繁殖

妊娠期长，约为 10 个月。幼鲸在胚胎时期有牙齿，但在发育过程中牙齿逐渐退化成痕迹性齿。

## 分布

鹅喙鲸主要分布于我国台湾附近海域，南海也有分布。在世界范围内，除极地海域外，鹅喙鲸在各海域皆有分布。

## 生存现状

鹅喙鲸比大多数喙鲸更常搁浅，因此，常有其搁浅的报道。由于鹅喙鲸主要生存在较深的大陆架边缘海底或者峡谷，较少在大陆沿岸出现，目前人类对鹅喙鲸还知之甚少。

## 保护

鹅喙鲸被列入《濒危野生动植物种国际贸易公约》附录 II。

海之眼

### 潜水高手

鹅喙鲸是一种十分擅长潜水的鲸。在遇到危险的时候，它们通常会用潜水的方式来躲避危险，较长时间的潜水能够让天敌知难而退。鹅喙鲸的潜水甚至可以持续30分钟左右。值得一提的是鹅喙鲸的潜水姿态。在深潜之前，它们通常会将背部拱起，将尾鳍举出海面，然后以近乎垂直的角度潜入海底。

# 柏氏中喙鲸

*Mesoplodon densirostris*

### 分类地位

哺乳纲鲸目喙鲸科

### 形态特征

柏氏中喙鲸是一种长相十分奇特的鲸。雄性柏氏中喙鲸的下颌呈粗大的圆弧形，向外弓起，上面有两枚伸向前方的巨大獠牙，好似两只向外伸出的角。在牙齿咬合的喙部变细，就像被牙齿挤掉了一块。体长4～5米，背部为深灰色，腹部乳白色，身体的侧面与背面布满黄褐色和白色的斑块、疤痕。

### 食物

乌贼、鱼类。

### 分布

它在我国台湾海域有发现。在世界范围内它广泛分布，常见于大西洋的加拿大和美国沿海，以及加勒比海。

**二级**
国家重点保护野生动物等级

**LC**
IUCN 濒危等级

## 生存现状

主要生活在深海中，栖息深度超过200米。

## 保护

柏氏中喙鲸被列入《濒危野生动植物种国际贸易公约》附录Ⅱ。

### 海之眼

**神秘的柏氏中喙鲸**

柏氏中喙鲸分布十分广泛，尽管如此，但是人类对它们的了解还十分有限。因为它们通常栖息在超过200米的深水区或者大陆坡海域，很少出现在人类活动比较频繁的大陆架海域。多年来，人们只能通过搁浅的柏氏中喙鲸个体以及残骸将它们确认为一个物种。柏氏中喙鲸的神秘面纱还在等待我们揭开。

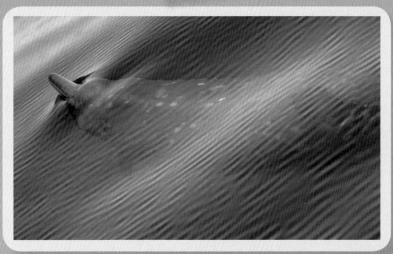

二级
国家重点保护野生动物等级

IUCN 濒危等级

# 银杏齿中喙鲸

## *Mesoplodon ginkgodens*

## 分类地位

哺乳纲鲸目喙鲸科

## 形态特征

银杏齿中喙鲸躯干粗壮，两端细长，体型左右两侧稍扁。喙部较长，下颌略长于上颌，口裂向上弯曲，看似微笑。银杏齿中喙鲸上颌没有牙齿，下颌长有一对十分奇特的牙齿，形状十分像银杏叶，银杏齿中喙鲸也因此得名。体色为蓝灰色，腹部颜色稍浅，分布有形状不规则的白色伤疤。

## 食物

头足类、鱼类。

## 分布

它在我国南海沿岸海域偶有出现。在世界上它主要分布在太平洋、印度洋的热带和暖温带海域。

## 生存现状

关于银杏齿中喙鲸存活个体的信息很缺乏，因此，人们对它们的生存现状知之甚少。但是多数搁浅鲸的胃容物出现塑料制品，侧面反映了海洋环境污染正在威胁着银杏齿中喙鲸的生存。加之银杏齿中喙鲸容易被深海的流刺网缠绕致死，以及日本等有捕鲸传统地区开展捕鲸活动，都在一定程度上威胁了银杏齿中喙鲸的生存。

## 保护

银杏齿中喙鲸被《中国物种红色名录》
列为易危物种,被列入《濒危野生动植物
种国际贸易公约》附录 II 。

### 海之眼

#### "银杏叶"长在嘴巴上

"春天绿,秋天黄,一把小扇可乘凉",
说的就是银杏叶。"银杏叶"不仅长在陆地上,
你一定想不到海洋里有这样一种生物,"银杏
叶"长在嘴上,它便是银杏齿中喙鲸。顾名
思义,银杏齿中喙鲸有一对外形酷似银杏叶
的牙齿。向外翘出嘴边,顶破齿龈线的侧扁
獠牙,就好像一把小扇子。两枚牙齿间的缺
口就好比扇子中间的缺刻,使它的形状看起
来就好比一片小小的银杏叶一般。

# 小中喙鲸

*Mesoplodon peruvianus*

**二级**
国家重点保护野生动物等级

## 分类地位

哺乳纲鲸目喙鲸科

## 形态特征

小中喙鲸又叫秘鲁中喙鲸，体形"娇小"，体长为 3 ~ 4 米。体色大多为深灰色，腹部颜色稍浅。除了较小的体形，小中喙鲸下颌突骨上的一排牙齿也是区分它们与其他种类的标志。这些牙齿相对其他种类而言，十分"迷你"，即便是雄鲸的也不例外。

## 食物

鱼类、头足类。

## 分布

目前已知小中喙鲸栖息在秘鲁与智利的外海地区，在南太平洋地区有分布。

## 保护

1988 年国际捕鲸委员会实行暂停捕鲸后，停止了对小中喙鲸的商业性猎捕。

### 意外发现的小中喙鲸

小中喙鲸是一种体形"娇小"的鲸，也是一种十分神秘的鲸。1976 年，秘鲁圣安德烈斯的一处鱼市场，出现了一个奇怪的"鱼头"，从此开启了人们认识小中喙鲸的曲折道路。1985 年，在秘鲁利马南部的鱼市场，第一具完整的小中喙鲸标本被发现，而直到 1991 年，小中喙鲸才首次得到形态上的描述。

# 贝氏喙鲸
## *Berardius bairdii*

## 分类地位

哺乳纲鲸目喙鲸科

## 形态特征

　　贝氏喙鲸体形较大，体长可达 12.8 米，体重 11 ~ 15 吨。贝氏喙鲸的身体呈纺锤形，中间比较粗大，额头隆起像一个半球倒扣在头部。下颌比上颌长，上颌无齿，下颌有两枚牙齿，即便合上了嘴也向外突出。尾鳍十分宽大，背鳍却十分矮小，位于身体中后部，呈三角形。体色为蓝灰色，有些略带棕色，尾部和腹部的颜色稍浅。胸部和腹部有形状不一的白色斑块。

## 食物

鱼类、头足类、甲壳类。

**二级**

国家重点保护野生动物等级

**LC**

IUCN 濒危等级

## 繁殖

妊娠期长，为 12 ~ 17 个月，每胎产 1 仔。初生的幼鲸体长约 4.5 米。

## 分布

它在我国的黄海南部和东部有分部。主要分布在北太平洋北部的深海水域。它常在阿留申群岛附近被发现，在日本和加拿大以及夏威夷群岛西北部海域也有分布。

### 群居的贝氏喙鲸

贝氏喙鲸是群居的动物，它们通常 5 ~ 20 头为一个群体，有的时候这个群体甚至可以壮大至 50 头。每头贝氏喙鲸都与其他成员紧密联系，通力合作，互相陪伴，共同在海洋中生存。它们常密集地漂浮在水域的表面，口鼻部靠近同伴的背部，姿态十分亲昵。偶尔也会齐头并进，共同游泳，在海面上此起彼伏，喷出水气，甚至跃出水面。有的人或许会说，在群体中不自由，并不能叫真正的快乐，但是，子非贝氏喙鲸，安知贝氏喙鲸之乐？

## 生存现状

贝氏喙鲸相较其他喙鲸，体形大且常在岸边出现，因此曾经遭到商业捕杀，数量大幅减少。特别是在日本的千叶县，贝氏喙鲸极具商业价值，多以新鲜鲸肉或肉干贩售。贝氏喙鲸不在国际捕鲸委员会 1986 年颁布的商业捕鲸禁令的管制范围内。2019 年 7 月 1 日，日本退出国际捕鲸委员会，重启商业捕鲸，对贝氏喙鲸的生存产生了很大威胁。

## 保护

海洋保护区和禁渔措施提高了生物多样性，保护了贝氏喙鲸的生存环境。此外，渔业的可持续管理以及加强污染控制措施的实行，也在一定程度上保护了贝氏喙鲸。

# 朗氏喙鲸
## *Indopacetus pacificus*

### 分类地位

哺乳纲鲸目喙鲸科

### 形态特征

由于没有可证实的活体观察记录，因此其形态特征仅能从头骨估计。体长 7 ~ 7.5 米。

### 分布

它分布于印度洋与太平洋。

二级

国家重点保护野生动物等级

海之眼

### 自成一派的朗氏喙鲸

朗氏喙鲸是一个人类所知甚少的物种。直到 20 世纪 90 年代末期，人类才从两块头骨中将它们辨识出，没有已经证实的活体观察记录，甚至连完整的尸体都没有见过，它们可谓十分神秘。因为朗氏喙鲸如此特殊，以至于有些专家主张将它们单独归类。

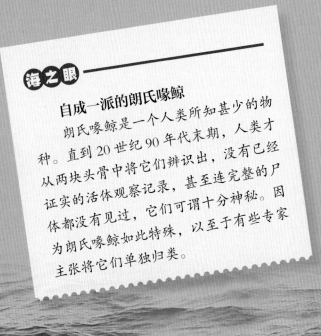